生物其实很有趣

冯 博◎著

中国铁道出版社有限公司
CHINA RAILWAY PUBLISHING HOUSE CO., LTD.

图书在版编目（CIP）数据

生物其实很有趣 / 冯博著 . —北京：中国铁道出版社
有限公司，2024.1（2024.12 重印）
ISBN 978-7-113-30609-0

Ⅰ.①生… Ⅱ.①冯… Ⅲ.①生物学 – 普及读物 Ⅳ.① Q-49

中国国家版本馆 CIP 数据核字（2023）第 190153 号

书　　名：生物其实很有趣
　　　　　SHENGWU QISHI HEN YOUQU
作　　者：冯　博

责任编辑：巨　凤　　　　　　电话：（010）83545974
封面设计：仙　境
责任校对：苗　丹
责任印制：赵星辰

出版发行：中国铁道出版社有限公司（100054，北京市西城区右安门西街 8 号）
印　　刷：河北京平诚乾印刷有限公司
版　　次：2024 年 1 月第 1 版　2024 年 12 月第 2 次印刷
开　　本：880 mm×1 230 mm　1/32　印张：7.25　字数：200 千
书　　号：ISBN 978-7-113-30609-0
定　　价：59.00 元

这个学科有什么前途

互联网的高速发展使得我们能够获得更多的信息。著名生物科学家施一公和尹烨等开始进行科普演讲后，生物学逐渐变得热门起来。施一公曾在一篇文章中提及："曾有人预言，21世纪将是生物学的世纪。"这样一个与人类生命、衰老和死亡息息相关的学科，一个关乎生活的学科，理应受到我们的关注。那么我们应该学什么？怎么学？从哪里学起？这本书相信可以帮助你。

笔者的学习体会

我一直想撰写一本关于生物科普的书籍，但一直没有确定写作的方向。比如，讲述基因的概念，或者解释生物前沿技术的原理和逻辑。然而，考虑到现实情况，我常常打退堂鼓。因为很少有人能够读完一本书后完全记住其中的内容，而且在生物学高速发展的今天，很有可能我刚完成稿件提交，就有新的研究成果推翻了我的结论。又或者过了几年，这本书就失去了意义和价值。

因此，我选择写一些基础的东西，即通过介绍生物学家对生物的探索历程，将生物学写得有趣、引人入胜，使其融入生活。与其说这本书想要传达某些知识，不如说它是学习生物学的启蒙读物，引起大家对生物学的兴趣。

在这本书中，你会发现每一个生物学家既有自我的一面，也有大度的一面；既有运气好的时候，也有倒霉的时候。他们与我们相隔并不遥远，相反，每个人都离我们很近。他们的失败或成功都可以引起我们的共鸣。

这本书的特色

• 逻辑清晰：笔者将科学家依照事件进行分类，交代背景，逻辑清晰。

• 从零开始：定位为科普类书籍，而非工具书，故阅读门槛低，不需要生物学知识储备即可阅读。

• 内容新颖：很多生物学书上只讲了每一件事是什么，而这本书解释了为什么。

• 趣味性强：使用杂糅的小说笔法进行叙事，增加趣味性。

• 图文结合：全书均配有大量手绘插图，便于理解。

• 契合教材：本书着重讲解的科学家均出自我国生物学教材。

这本书的内容

本书以探索者的视角，从对生命定义的思考，到了解众多生命科学家的成长经历与研究历程，再到使用生物学知识理解生活中的生物学和医学常识；可以拓宽知识面，培养生物学思维，提高生物学素养，是生物学科学习的良好铺垫与补充。

本书分为 8 章，涵盖的主要内容有生命定义的探究历程，生命基本单位细胞的探究历程，细胞内部结构的探究历程，微生物学的探究历程，遗传物质的探究历程，解剖学与生物体内环境的探究历程，生物进化理论的探究历程，关于植物的研究历程。

  本书将生物学史中重大的事件及对应科学家的贡献描述出来，通俗易懂，故事性强，配合插图帮助理解，适合中学生以及对应年龄的青少年作为科普读物阅读，亦适合作为生物学爱好者阅读。

  在本书的书写过程中，特别感谢张雪老师为本书作出的重要贡献，承担了较多的编写任务。除此之外，我要重点感谢刘文壮老师在素材搜集上的支持、插画师 Shiro（杜闯）给予的绘画帮助，以及一些同事在不同领域的协助，没有他们，肯定就没有这本书的出版。非常感谢您购买并阅读本书，同时也欢迎您就后续问题展开讨论。如果本书在某些方面未能完全描述清楚，还请您不吝指正，再次表示感谢。

编　者

2023.7

目录

第 1 章

生 命 的 定 义

生物是什么？

翻阅字典或上网搜索，我们对于这个问题都会得到相同的答案：具有生命活动能力的物体。

然而，对于生命这个概念，我们仍然感到困惑。字典和互联网告诉我们，生命是生物体所具有的存在和活动能力。

这让我们陷入了一个死循环，无法摆脱。那么，生命是否存在一个准确的定义呢？如果有的话，那是什么？

1.1　生命，是什么

商场里的智能导购机器人能走能跑，看到障碍知道躲避，还能回答简单的问题。但你看一眼就知道，这不是生命。瘫痪在床的重症病人几乎不能动，说不出话，吃喝拉撒都无法自理。但你看一眼就知道，这是生命。

我们身边的任何事物，只要看上一眼，就能准确地知道它是否具有生命。然而，问起原因来，却没有人能说得清楚。我们对待生命似乎有一种直觉，一种"一看到，就知道"的能力，但就是无法对它下一个准确的定义。别担心，这个问题在古代就已经有人先行思考过了。

第一个对生物分类展开研究的人是亚里士多德。他是古希腊著名哲学家柏拉图的学生，也是后来征服了四大文明古国中的三个的亚历山大大帝的老师。亚里士多德是第一个将动物与植物分离开的人，然后又将动物大致分为三类：天上飞的、地上跑的和水里游的。

紧接着，亚里士多德对自己的分类进行了解释，并提出了解释生命的第一套理论：灵魂论。动物也好植物也好，活着的个体和死了的个体区别并不大。人在刚刚死的时候，血还是血，肉还是肉，头发还在头上，胳膊和腿也都老老实实地在该在的地方。不管是生是死，生物的物质组成没发生变化。那么，是什么东西的缺失使一个生命由生转死呢？亚里士多德提出了一个概念：灵魂。（随着科学的发展，传统意义上的灵魂已被证明不存在。）

他认为，一堆肌肉、骨头、皮毛、器官仅仅堆放在一起，无法组成生命，需要有灵魂的赋予才能叫作生命。体内灵魂的不同，使得生物的种类不同。植物体内只有一个灵魂，这个灵魂可以主动获取养分，称之为"营养之魂"。因此植物可以越长越高，越长越茂盛。在动物体内，除了营养之魂，还有一个运动之魂。因此动物可以跑、跳、飞、游、捕猎、进食。植物因为体内缺乏运动之魂，所以只能待在一个地方不动。

而人呢，除了上述两个灵魂之外，体内还有一个思维之魂。因此人可以思考，用语言文字交流和记录。实际上，亚里士多德根据灵魂的差异，将生物分为了动物、植物和人三类，也就是"三个灵魂"论。在生物死亡后，其体内的灵魂不会消失，而是转移到其他地方赋予新的生命。由于植物的躯壳只能容纳营养之魂，动物只能容纳营养和运动之魂，人能容纳三种灵魂，所以植物永远不能动，动物永远不能思考，人类永远都是人类。

在古希腊时期，由于知识水平有限，亚里士多德的灵魂论得到了广泛的认可。虽然无法证明灵魂的真实存在，也没有人能证明其不存在。这个命题无法被证伪，且能够自成体系，因此吸引了众多追随者。

如今，我们已经知道灵魂并不存在。然而，在那个哲学和科学思维启蒙的时代，亚里士多德的灵魂论为探究生命定义的长期辩论奠定了基础，这场辩论已经持续了数百年之久。

1.2　生机论与机械论

"没有什么事情是绝对的"，这句话本身是一个真理。科学研究中，不存在绝对的真理，一个理论现在被认为是正确的，只是因为现在的技术水平还无法发现它的错误。

在亚里士多德提出灵魂论之后，很长一段时间都没有人质疑。毕竟，他是大博物学家，在物理学、哲学、生物学、经济学和政治学等领域都有建树。除了五百年后古罗马的著名解剖学家盖伦补充了一条"生命必须由具有活力的灵魂作为支撑"之外，大家都对灵魂论深信不疑。随后出现的神学与教会更是以"神造万物"直接把生命和灵魂全部归为神的造物，提出了"神创论"。

宗教势力介入后，科学研究停滞了一段时间。直到 16 世纪和 17 世纪，经过了文艺复兴时期的洗礼之后，科学文化艺术蓬勃发展。在科学领域，物理学、数学、化学和医学获得了飞跃式进步。科学家和学者们已经可以使用科学解释自然界和生活中的诸多现象，并开始逐渐推翻已经流传了近 2 000 年的古希腊、古罗马先贤们提出的一些理论和教会灌输的固有认知。

哥白尼推翻了地心说，伽利略推翻了对力的错误认知，解剖学之父维萨里推翻了盖伦的人体构造理论。顺其自然地，对于生命的定义和灵魂论，科学家们也提出了质疑。

1.2.1 你知道生机论与机械论吗

首先，17 世纪法国著名哲学家、数学家、物理学家笛卡儿站了出来，他是西方现代哲学思想的奠基人之一，也是近代唯物论的开拓者。唯物主义者认为物质是世界的本源，因此不会相信灵魂之类的无法用物质定性的东西存在。笛卡儿认为生命的本质是机器，无论是动物还是人都是可以自动运行的机器。这句话的意思并不是说生物体内全是金属零件和机械齿轮，而是说生物的生理活动都可以像机械装置一样去拆分，通过物理原理和物质属性去解释。

例如，人走路这一行为的本质就是肌肉通过收缩带动骨骼和韧带将腿和脚不断抬起又放下的过程。这一过程和钟摆通过齿轮传动来回摆动没什么区别。人吃东西的本质就是肌肉带动上下颚和牙齿反复打开关闭的过程。这一过程和剪刀不停剪东西的过程也没什么区别，只不过肌肉、骨骼、皮肤等组织和器官是更为高级、更为精密的机械结构而已。

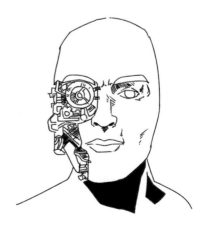

然而，这一说法一经提出就立刻遭到了另一批科学家的反对。他们认为纯粹的物质和物理是无法解释运动、感知和生命的，并提出了"生机论"。

生机论认为赋予物体生命的是一种叫"生机"或者叫"活力"的东西。但与灵魂论不同，灵魂论认为灵魂是一种超脱于物质之外的独立实体。而生机论的"生机"是融合在生物体内的，由生物产生，但又高于生物体内的东西。生机的作用让我们知道饿了要吃饭、渴了要喝水、困了要睡觉。最重要的是：生机是具有意识的，绝对不是一个设计好的只会按照固定程序完成任务的机器。

1.2.2 第一回合：你的物理，对生命无能为力

在生机论和机械论刚被提出的时候，机械论占据了上风。因为科学的本质是唯物的，物质第一，意识第二。而且，16 世纪与 17 世纪那个时候，是唯物主义为了真理，挺身对抗神学与教会的光辉时代。物理定律能解释苹果为什么向下掉落、风雨雷电的形成、太阳东升西落、斗转星移的秘密。支持机械论的科学家们确信，只要是物质，就一定遵循物理定律，就一定能用力来解释。生物也是物质，那么生命当然也不例外，一定是和世间万物一样，像一个机械结构，按物理规律运行。

但没过多久，生机论支持者的反击就来了。同样是 16 世纪末，法国的著名解剖学家比夏通过解剖实验区分识别出了肌肉、骨骼等人体的 21 种组织，并通过这些组织的特性解释生物体的种种行为。比如心跳就是心脏肌肉组织的收缩与舒张，消化就是胃部肌肉组织的收缩与舒张。

比夏指出，这些生物组织的运动完全没有规律，与物理定律说得完全不同。因此，比夏认为生命活动与物理现象或化学现象没有联系，也就是与"死物"的物质世界没有联系。维持生物组织运动的必定是自然界中存在的另一种与力不同的基础力量。这便是生机。

物理能解释日月星辰、宇宙洪荒，可惜对于解释生命却无能为力。生机论正式拿下第一轮胜利。

1.2.3　第二回合：还得是化学

生机论在取得第一轮胜利之后，科学家们尝试继续进行研究。科学家们将拥有生机的物质称为有机物，将没有生机的死物称为无机物，并抛出了另一个观点：有机物与无机物之间存在着无法跨越的鸿沟。有机物只能从生物身上获得：要吃肉只能杀动物；要吃蛋只能等鸡、鸭、鹅下蛋；要吃米面只能种植水稻和小麦。就算是专门研究物质变化与转化的化学家也只能把无机物变成无机物，而无法把无机物变成有机物。

　　事情的转机出现在一个看似与生物毫不相干的研究上。18 世纪末，著名化学家拉瓦锡通过对燃烧这一化学现象的研究证明空气中的氧气可以参与化学反应，并将这种现象称为"氧化"。受拉瓦锡实验启发，另一位著名物理学家拉普拉斯证明动物呼吸也是氧化，是一种"不见火光的缓慢燃烧"。这二人的发现为机械论支持者打开了新的大门，既然呼吸也是化学反应，那么就说明有机与无机之间并非毫无联系。

　　紧接着，19 世纪初，生理化学家们开始证明有机物产生也是化学反应的结果。现代化学创始人之一雅各布·贝泽利乌斯认为化学可以解释生物体内发生的所有反应。这一连串发现还没等生机论支持者反应过来，1828 年德国化学家维勒完成了他 82 年人生中最重要的实验——人工合成了尿素。这一实验直接证明有机物可以由无机物合成，根本不存在所谓的鸿沟。

　　1836 年，贝泽利乌斯发表了"没有一种专属于生命物质的特殊力量，生机并不存在"的言论，这时生机论第二次被推翻。

1.2.4　第三回合：小生命捍卫大生命

　　生命科学的研究离不开对微观世界的观察，微观世界的研究始于显微镜。18 世纪，来自荷兰的显微学之父列文虎克改造了显微镜，使得人们能看到细菌和原生生物这些微小的生命个体，也催生出了一批优秀的细菌学家。他们在观察中发现，腐烂物质中会产生一些微生物。发现这一现象的机械论科学家们狂喜。刚证明了无机物可以合成有机物，那么现在是不是可以证明，有机物中能够自发产生生命呢？如果能，那生命是不是彻底和生机说没关系了呢？

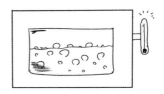

　　于是，一位英国的生物学家约翰·尼达姆设计了实验。他将一碗肉汤放在密闭的容器内加热，目的是杀死肉汤中含有的微生物，然后将肉汤冷却至室温。结果几天后，他在肉汤中发现了新微生物。尼达姆见状立刻宣布，

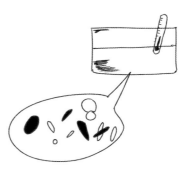

生命可以凭空从有机物中产生。

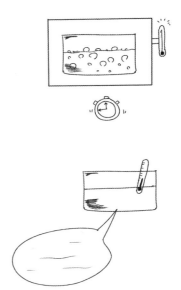

但他的实验遭到了意大利生物学家斯帕兰扎尼的质疑，他认为尼达姆的肉汤会产生新的微生物是因为加热的时间太短，并没完全杀死原有的微生物。1768 年，斯帕兰扎尼做了个一模一样的实验。只不过他将加热密闭容器的时间延长到了 45 分钟，确保将容器和肉汤内的微生物全部杀死，然后再冷却到室温观察，结果实验中的肉汤没有新的微生物产生。

生机论支持者认为，加热这一行为杀死了原本容器内微生物的生机，因此没有新的生命诞生。而反对者认为仅靠微生物体内的有机物不足以产生新的生命。双方为此争吵了一个世纪。发酵是一种常见的现象，用于制作面包、馒头，酿酒、腌制咸菜等。化学家们一直认为发酵是普通的化学过程。但 1838 年，细胞学说的提出者之一施旺观察到单细胞生物酵母菌参与了发酵。紧接着，施旺与近代微生物学奠基人巴斯德联合提出，发酵需要整个生物体参与，不能简单地定义为普通化学反应。后来，巴斯德在 1858 年证明只有存在活细胞且缺氧时才能发生发酵。这使得他将发酵描述为"没有空气的生命"。这一观点对机械论造成了致命打击。

按照机械论的说法，生命体内发生的各种生理现象本质上是有机物在参与化学反应。但现在发酵需要存在活细胞才能进行，说明除了单纯的物质之外，还存在一种神秘的力量促进了发酵的发生。这种力量就是生机。虽然化学家可以合成有机物，但有机物并不是生命本身。

首战告捷，巴斯德乘胜追击。他呼吁生物学家们证明：生命不会凭空从环境中产生，一个生命只能从另一个生命中诞生。若能证明成功，生机论将毫无悬念取得最终的胜利。

1.2.5　第四回合：从起源到终点

生命个体的起源始于一个受精卵。从受精卵发育成胚胎，再从胚胎发育成为完整的个体。为什么一个微小的受精卵能够具备发育成完整个体的能力？胚胎又如何知道哪些部位应该发育成胳膊或腿呢？推动胚胎发育、控制器官成形的神秘力量又是什么呢？除了生机论外，没有其他更合理的解释。机械论可以用物质的基本规律来解释生理现象，但无法解释从胚胎到个体的发育过程。在这种情况下，机械论落入了绝对下风。

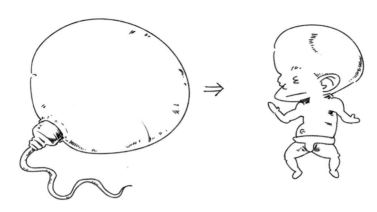

然而，法国牧师尼古拉斯·马莱布兰奇的观点为事情带来了转机。身
为神职人员，他并不关心生机论和机械论哪种观点正确，他想要证明的
是，生命是上帝的创造物。马莱布兰奇总结了笛卡儿的机械论思想后，
提出了"预置论"。

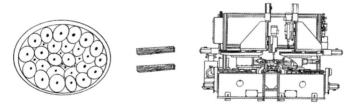

他认为生物的胚胎内预置了一种特殊物质，这种物质非常像现代社
会的计算机程序。胚胎的发育是在执行一段特定的程序指令，其中预先
写好了哪里发育成胳膊、哪里发育成腿。马莱布兰奇牧师本来的目的，
是想把这段预置指令的来源归功于上帝，但他没想到这个观点给了支持
机械论的科学家们极大的启发。

1888 年，一位名叫鲁克斯的科学家用一根滚烫的针将刚刚成形的
青蛙的胚胎破坏了一半。然后，观察这个胚胎的发育情况。结果，被破

坏了一半的青蛙胚胎只能发育成半个成熟胚胎。因此，鲁克斯认为，胚胎其实就是一个预置的精密机械结构，只能按照机械的方式成长，损坏了就无法完全发育，并不具有额外力量的存在。

　　而在 1891 年，德国科学家德里希使用海胆进行了一项非常相似的实验。同样是刚刚成形的海胆胚胎，德里希没有选择破坏其结构，而是将这个胚胎均匀地分成了两半。结果，这两半胚胎各自独立发育成了完整的海胆。

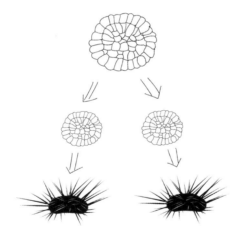

　　这个实验让支持机械论观点的科学家们又重新坐回到座位上。如果胚胎是预置的精密机械结构，那么不管是破坏一半还是拿走一半，都不会有发育成完整个体的可能。海胆实验表明，胚胎具有想要发育成完整个体的自主意识。这份意识让胚胎无论在什么条件下都尽可能地发育成个体，即使受损或缺失也一样。

1.2.6 是宿命，还是自由意志

生机论与机械论的争论已经持续了几个世纪。随着时代的发展和新技术的出现，两派的观点也在不断得到加强。两派首先探讨的是生命是否符合物理规律，或者超越物质世界而有其特殊规则；其次是有机物是否只能由生命产生，或能否通过无机物转化而来；再之后是生命是否能从无生命物质中诞生，或是只能由前代传承；最后的问题则是生命是否是一个预先设定好的机器，或是具有自我意识的个体。

科学研究至今仍不存在绝对真理。一个理论被认为是正确的，只是因为当前的技术水平无法发现它的错误。科学和技术会不断发展和进步，新的证据也会不断出现。生机论和机械论的支持者还会继续寻找新的证据来支持自己的观点。根据前面提到的内容，我们已经能够看到这两种观点的最终形态。

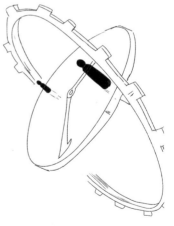

机械论认为，生命从诞生之初就一直按照预设好的轨迹运行。生命符合宇宙中的物理定律和化学定律，而宇宙中的其他物质也同样遵循这些定律。因此，宇宙自诞生之初就在按照预定的轨迹前进，包括孕育生命也一样按照预定的轨迹在进行。

而生机论认为，生命与其他物质不同，因为生命具有自由意志。生命的选择不是预先设定好的，走的每一步都充满了未知和随机性。生命拥有自己的意识，去成长、生活、繁衍和传承。这是生命的专属选择。

看到这里，我们发现这时他们对生命这一生物学名词的研究已经脱离了生物本身，变成了哲学上的探讨。宿命论与自由意志的区别也是唯物主义与唯心主义的区别。无论你支持哪一个，我都希望你能拥抱自由，尊重科学，用求真务实的心态去丰富自己。

1.2.7　结语

机械论和生机论之争，持续时间长，涉及人物众多。本书提及的生物学领域的科学家，他们的成就、经历将在下面为大家细细道来。

1.3　活着，就是为了不死

"研究数学的看不起研究物理的，研究物理的看不起研究化学的，研究数理化的都看不起研究生物的"。这是一句非常经典的玩笑话。在科学研究中，没有哪个学科更高尚或更卑微。然而，不同学科的发展有先后和高低之分，有些学科还需要其他学科提供理论基础来支撑。因此，不可避免地出现了学科间的"上下级"关系。

数学作为科学大厦的基石，地位无可撼动。任何能称之为"定律""定理"的东西，最后都会化为数学公式，借助数学工具进行验证。紧接着是物理和化学，它们研究并解释宇宙中出现的一切现象和变化，并探究其背后原理的科学。然后才是生物学。从研究对象上看，生物只是世间万物中比较特殊的一类。从发展历程上看，生物至今仍是一个年轻的学科，需要物理、化学作为基础。

　　生物学研究需要借助物理和化学领域的知识。微观生物的研究离不开显微镜，离不开生理现象与生化反应的解释与归纳，以及对各种物质的定性分析；离不开化学提供的理论支持。生物学就像一个刚学走路的孩子，在物理和化学两位大哥哥的搀扶下向前奔跑。

　　当生物学遇到无法解决的难题时，总会有来自物理和化学领域的科学家们跨界助阵。比如，在探讨生命的定义时，科学史上很多非常著名的化学家都自发地加入了生机论或机械论，积极热情地展开各自的研究。而在生机论与机械论始终得不出最终结果的时候，一位物理界的专家为这场旷世之争画上了句号。

　　埃尔温·薛定谔是奥地利的物理学家，于 1933 年获得诺贝尔物理学奖，并被称为量子力学的奠基人。他被认为是世界上最卓越的物理学家之一，与牛顿在经典力学中的地位相当。虽然他是一位物理学家，但他对生物学问题也进行了深入的研究和解释。

薛定谔在其著作《生命是什么》中阐述了自己的观点。他认为，在过去的一百年中，各个学科的发展让我们陷入了两难的境地。一方面，我们清晰地感受到人类才刚刚开始能够获得可靠的信息，将各个领域的知识整合到一起。但另一方面，人的精力是有限的，一个人想要完整掌握一个领域的一个小分支的所有知识就已经非常困难了。因此，我们应该鼓起勇气开始做科学事实和理论的整合工作。尽管在面对其他学科时，可能不够专业，容易产生歧义，只能掌握不完整的二手信息，而且时刻要面临出丑的风险。但是除此之外，我想不出有任何办法能实现科学研究的终极目标——寻找统一的、能解释一切现象的知识。薛定谔的这份胸怀和格局让人肃然起敬。

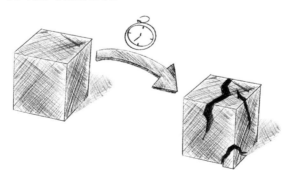

在《生命是什么》这本书中，薛定谔给出了对生命的定义：负熵为生。那么什么是熵呢？熵是一个用来描述系统混乱程度的物理量。系统越混乱，熵越大；系统越有秩序，熵越小。例如，一盆热水冒着热气，水分子不停地跑到空气中，非常混乱。而冷却下来之后，水分子就安安稳稳地留在了盆中。这时，常温水的熵相对较小。温度再下降，水变成了冰，水分子不仅老老实实地待着，还按固定队形排好了队，不会到处乱跑，更有秩序了。此时熵更小。

而如果将热水继续加热，烧干所有的水分，水分子都跑到了空气中，在更大的环境中到处乱跑。这时对于这盆水而言，熵达到了最大值。点燃一根木头，不管它有多大，总有烧完的那一天。任何化学反应都有停止的时候，任何事物都会在不断变化后最终趋于稳定，在这种稳定状态下不会再发生任何变化。这就是熵达到最大的时候。

宇宙中的熵总是在增加的。一间整洁的屋子只要不打扫就会变得更脏更乱。坚硬的钢铁只要不维护就会不断生锈腐蚀。熵增是不可逆的。如果没有外力干预，杂乱的屋子不会自己变得整洁，打碎的镜子不会

自己修好，泼出去的水不会自
己回到杯里。我们的宇宙一定
会在不可逆的过程中慢慢熵增。
总有一天，宇宙中的一切终将
归于稳定，成为不再有任何变
化的寂灭状态。

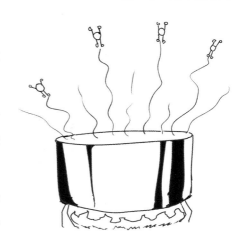

　　直到出现了生命。生命是
宇宙中的一员，自然也遵循着
熵增定律。生物的熵大到了极
限就是死亡。生物体内也在不断地进行着各种化学反应，其本质与燃烧
的木头差不多。然而，你很难看到持续燃烧一年的火，却随处可见能生
存一年、几十年或上百年的生命。发生在生命体内的化学反应可以维持
相当长的时间。这种稳态极大延缓了熵增的速度。

　　那么生命是如何避免快速熵增的呢？答案很明显：通过吃饭、喝水、
呼吸、同化（植物的光合作用等能产生有机物的行为），以及与外界环
境不停地进行物质交换和能量流动。这样就可以说生命是以能量为食、
以能量为生的吗？显然不行。因为更多的能量并不意味着更长的寿命。
一个胖子和一个瘦子谁能活得更久，并不会因为其身体内储存的能量不
同而有所差异。那么真正使生命赖以生存的东西是什么呢？薛定谔认为，
生命以负熵为生，也就是生命以减少熵为生。生命本身也产生熵，生命
一定会走向死亡，但生命的每一项生理活动、每一次新陈代谢都在成功
地让自己免受其活动所产生的熵的影响。活着，就是为了不死。

至此，生命的定义经过几个世纪的争论和思考终于有了令人认可的标准答案。薛定谔从物理学的角度为这场科学史上最大的研究课题之一暂时画上了句号。虽然《生命是什么》是一本科普读物，与真正的科学论证不能相提并论；虽然薛定谔的负熵为生的观点今天仍在不断被修正和质疑，但不可否认的是，他提出的负熵观点富有魅力。

那么回到最初的问题：什么是生命？网络上有一句话我非常喜欢：生命是一个美好的巧合，是宇宙在奔向熵最大的死寂过程中为自己创造的观众。

第 2 章

追寻生命的基本单位

合抱之木，生于毫末；九层之台，起于累土。所有宏伟精妙的事物都有最基本的组成单位。一块块砖石组成了高楼大厦，一个个电子元件组成了电视、计算机。那么对于生命来说，最基本的组成单位是什么呢？故事要从 16 世纪说起。

2.1　维萨里，尸体中找真相

受知识水平和技术工具的限制，我们对事物的了解总是按照从宏观到微观、从整体到部分的结构顺序来进行。拆开玩具，可以知道零件之间的组合方式；拆开棉袄，可以知道里面填充的是羊毛还是棉花。同样，拆开生物体也是研究生命结构的必经之路。追寻生命的基本单位便要从解剖开始。

2.1.1　"叛逆"的学生

安德烈·维萨里出生于一个医学世家。他的太爷爷是教医学的老师，爷爷是皇家御医，父亲是皇家药剂师，家中囤积了大量医学书籍。耳濡目染加上家里支持使得维萨里从小就对医学十分感兴趣。他先是学习并掌握了拉丁语和希腊语，后经父亲推荐进入巴黎大学系统学习医学，并在 1537 年取得了博士学位。

一般的"学霸"都是越学越觉得教材厉害，但维萨里不同，他越学越觉得教材有问题。当时的医学理论，几乎全部继承于早于维萨里 1 300 多年的古罗马著名医学家盖伦的研究成果。维萨里的老师及当时的医学学者都对这位先贤的理论深信不疑，老师授课照本宣科，学生学习时单纯地记结论。因为大家觉得盖伦的理论无懈可击，不需要也不敢去做实验来验证先贤的结论。别人不敢，但年轻的维萨里敢。他坚定地认为盖伦的理论有很大问题，唯有自己动手实践才是获得真理的唯一途径。

　　维萨里的坚持使他得罪了一批教职人员和学者。他们认为这是不尊重师长、哗众取宠的表现。而另一方面，维萨里的学生却对他尊崇有加。因为在只讲教材的大环境下，只有维萨里带着学生使用工具解剖动物，学生们则围在桌子周围观察学习。理论与实践相结合，真正意义上的言传身教，这也是对中世纪教学方式的重大突破。

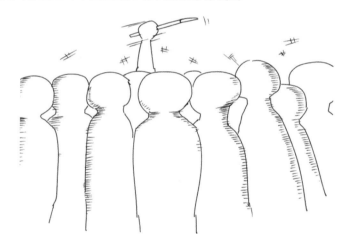

2.1.2　伟大的尸体探索者

　　随着研究的深入，维萨里不断指出和修正盖伦的各种错误，甚至直接修订了当时的教材——盖伦的《论解剖程序》。维萨里用实验结果说话，用自己手绘的解剖图谱作为自己的论据，强而有力地给了当时医学界一记又一记响亮的耳光。维萨里发现，盖伦对关于人体的所有研究都极不严谨，这位前辈的研究成果都是源自动物而不是人体的解剖。因为古罗马时期是禁止进行人体解剖的。实际上，盖伦只解剖了一种猕猴，并坚定地认为人体的构造与这种猕猴的构造差不多。

维萨里有一种近乎痴迷的求知欲。证明盖伦是错的并不重要，重要的是要找到什么是正确的。他坚信，只有真正解剖过人体，才会知道人体的构造到底是长什么样子的。但在中世纪欧洲，教会不允许解剖尸体。因为教会认为人是上帝创造出来的完美之作，更不允许肢解。如果说修订教材是不尊师重道，那么解剖人体就是冒天下之大不韪。

为了能够解剖真正的人体，维萨里请求法官准许他解剖死刑犯的尸体，并专门聘请画家绘制图纸。很快他就得到了一大批详细、正确无误的解剖详图，并引发了医学界的大轰动。但轰动越大，质疑与批判他的人也就越多。在巨大压力下，维萨里不得已走上了盗墓之路。

当然，他盗取的是尸体。他靠着盗尸来进行人体解剖，用实验事实和手绘图纸说话。这让维萨里的研究如虎添翼。终于在 1543 年，维萨里的《人体构造》正式出版。在这部伟大著作中，维萨里不仅推翻了以盖伦为代表的解剖学理论，而且辅以大量丰富多彩的解剖学实践材料，对人体结构进行了客观、精确的描述。

他在书中写道："解剖学应该研究活体而不是死体结构，所有器官、骨骼、肌肉、血管和神经都是密切联系在一起的，每一部分都是有活力的组织单位。"这部著作出版后，人类第一次明白了人体是由器官构成的。《人体构造》一书详细介绍了解剖学，并附有他绘制的有关人体骨骼和神经的插图。这使得解剖学正式进入正轨并为

现代外科手术奠定了基础。维萨里因此被称为"解剖学之父"，当时他只有 30 岁。

2.1.3 天妒英才

《人体构造》于 1543 年问世，同年 5 月 24 日，哥白尼的《天体运行论》发表。这结束了地心说长达几千年的统治地位。但是，在教会的迫害下，古稀之年的哥白尼仅来得及摸了摸书的封面便与世长辞。这犹如天工的巧合使得人类的科学研究向自身内部与外部在 1543 年这一年同时迈出了探索的第一步。

然而，黎明前的黑暗是最黑的。哥白尼颤抖的双手也暗示了维萨里的结局。维萨里这种勇于实践、寻求真理的精神和《人体构造》的出版引起了当时教会和同行的不满，他们开始寻找各种理由迫害维萨里。终于，在一次针对一位西班牙贵族验尸的解剖中，当维萨里剖开尸体的胸膛时，监察官一口咬定尸体的心脏还在跳动，并由此污蔑维萨里解剖活人。

宗教裁判所趁机提起公诉，判决维萨里死刑。国王出面干预，免除了维萨里的死罪，改判为发配耶路撒冷悔改。只可惜出发的航船遇险，时年 50 岁的维萨里结束了伟大而艰难的一生。

2.2　列文虎克

孩童时期，我们刚接触到科学的奇妙时，心中总会有一个成为一名科学家的梦想。在我们的印象中，科学家是神秘、伟大、令人敬佩和德高望重的。但有这么一位科学巨匠，他的故事却略有不同。

2.2.1　天谴之人

安东尼·菲利普斯·范·列文虎克于 1632 年出生在荷兰。他的父亲做着小本生意，踏实本分。虽然家境不算贫寒，但也没有足够的能力供孩子上学。因此，列文虎克从小就开始在社会上工作。16 岁时，他在亚麻布店当学徒；22 岁时，自己开了一家布料店；28 岁时，进入市政厅工作；37 岁时，被法院任命为土地测量员。他一辈子老实本分、勤劳致富。

单看列文虎克的履历，谁也不敢相信这样一个与科学、生物学、医学都不沾边，甚至从来没上过学的普通人会成为名垂青史的科学巨擘。那么，列文虎克有什么异于常人的地方呢？大概就是他格外悲惨的命运了。列文虎克 5 岁丧父，10 岁丧继父，22 岁结婚后生了 5 个孩子，其中 4 个都在婴儿时期夭折。而他的结发妻子也在婚后第 11 年去世。

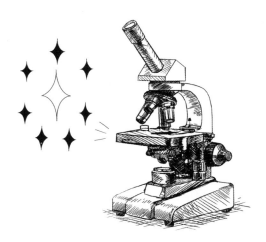

　　列文虎克怎么也没想到，他的悲惨命运换来的是一扇通往荣耀与成就的希望之窗。

2.2.2 "神器"加身

　　列文虎克在布料店当老板的那段日子里，为了更清楚地看到纺织毛线的细节质量，他开始搜集各种放大镜。

　　但是受当时制造工艺的限制，放大倍数很有限。虽然日常用放大镜看看书、读读报没什么问题，但要说用放大镜看毛线的细微纹理，根本做不到。因此，列文虎克对镜头制造产生了浓厚的兴趣，并不断琢磨制造高倍放大镜的方法。最终，他使用烧熔玻璃丝

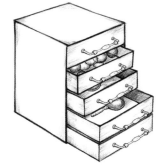

的办法得到了一个非常小且纯度非常高的高质量玻璃透镜。这一发现瞬间把人造透镜的放大倍数提高了几十倍，从放大镜一下迈入显微镜。

后来，列文虎克拿着自制的显微镜观察了花、草、水和土等，并将显微镜下的小生命们依次描绘、形容并命名。列文虎克先后发现了原生生物、细菌、植物的液泡、精子及肌肉纤维的带状图案。他的研究成果使人类能够观察并认识精彩纷呈的微观世界，也被认为是荷兰黄金年代最伟大的成就之一。

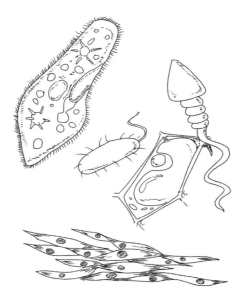

2.2.3　英国皇家协会的注意

　　列文虎克对微观世界的发现和研究，其震撼力引起了当时最著名的学者团体——英国皇家学会的注意。该学会对列文虎克的研究表现出了极大的兴趣，并定期与他进行书信沟通。他凭借着手中的显微镜，用通俗易懂的语言，通过信件简单直接地向皇家学会描述着自己的新观察和新发现。

　　直到 1723 年去世之前，列文虎克给皇家学会写了约 190 封信。这位业余爱好者、外行人让一众科学界的专家佩服不已。

2.2.4　商人思维

　　尽管列文虎克的成就令人惊叹，但他本质上并不是一位科研人员或学者，而是一个商人。商人思维使得他过于重视自己的显微镜。他认为，一旦公开了高倍显微镜的构造和制作方法，他的所有成就都会消失。因此，列文虎克投入了与科学研究相当的精力来保护高倍显微镜的秘密。

　　为了转移注意力，列文虎克每天闲暇时都会研磨镜片，制造低倍放大镜，以此来误导别人以为研磨镜片是他主要或唯一制造显微镜的方法。为了混淆视听，在其成名后，许多达官贵人前来拜访时，列文虎克故意只展示自己制作的低倍显微镜，而不谈论高倍显微镜。

在他去世前，为了能让自己的名字被世人记住，列文虎克亲手毁掉了自己制造的所有高倍显微镜。这使得很多年内无人能破解其独特的设计技术，人类对于微观世界的探索也因此而停滞不前。

然而，这并不能否认列文虎克的杰出贡献。英国生物化学家尼克·莱恩写道："列文虎克是第一个想到去观察微观世界的人，也是第一个将微观世界带到我们面前的人。"列文虎克仍然是当之无愧的原生动物学之父。

2.3　究极打工人：胡克

罗伯特·胡克是英国著名的博物学家和发明家。人们常常会将胡克与列文虎克混淆。然而，只要仔细观察二者的名字，就会发现胡克的全名是罗伯特·胡克，而列文虎克的全名是安东尼·菲利普斯·范·列文虎克，按照当时的习惯，"范"后面接的是地点，所以列文虎克可以理解为是一个村落的名字，全名含义为：一个来自列文虎克村的姓菲利普斯名叫安东尼的人。

2.3.1　少年英才

胡克出生于 1635 年的英国，从小就非常喜欢绘画和机械制造。他聪明机灵，敏而好学，是一个做学问的好苗子。这种"别人家的孩子"总是会引起别人的注意。在一位画家的推荐下，胡克13岁开始学习画画。

由于天赋太高、学得又好，胡克引起了另一位伯乐——一位校长的注意。这位校长看重胡克的天赋，邀请他来学校学习文化课程，而且学费全免。胡克在学校里先后学习了拉丁文、希腊文和几何学。他在机械制作上的优势引起了两位专家——约翰·威尔金斯和赛斯·沃德的注意。他们引导年轻的胡克学习天文、物理、医学和化学等领域的知识，希望能培养出一位杰出的博物学家。

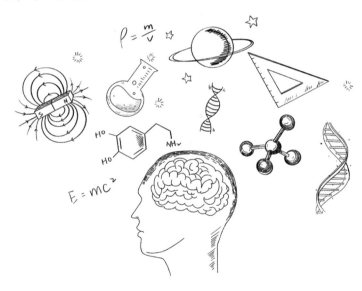

2.3.2 随便一看

胡克于1665年根据英国皇家学会的资料设计制造了一台复杂的显微镜。一次偶然的机会，胡克闲来无事，从树皮上切了一块软木薄片，并放到自己制作的显微镜下观察。结果他发现，显微镜下的软木薄片中有一个个互相挨着但又彼此独立的小格子。胡克觉得这种小格子非常像自己住的集体宿舍的单人房间。因此，胡克使用单人房间的单词"cell"命名了这些小方块为"cellula"，也就是今天所说的植物细胞。虽然当时他观察到的是已死亡的木栓细胞，但这并不影响胡克成为人类历史上第一个成功观察到细胞的人。

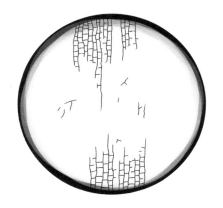

　　他的研究开启了微观生物学的新篇章，让人们惊叹于科学的奇妙之处。然而，即使在现代，生物学仍然是一个年轻的学科。生物学的发展离不开物理、化学、工程学和数学等一系列学科的带动与帮助。

2.3.3　出版著作

　　在胡克成功观察到细胞之后，同年，他创作的《显微术》一书出版，也将自己的显微镜构造和对细胞的观察结论公之于众。而正是这本书中的造镜方法，启发了远在荷兰的列文虎克。当后世破解列文虎克镜头的制作秘密后，大家惊讶地发现列文虎克用的就是胡克提出的拉丝溶球法。

　　无独有偶，胡克一生的诸多成就，十有八九都被别人抢先申请了专利。他曾经和惠更斯争论过钟表构造，结果惠更斯险些抢了他的专利。

他也曾经和牛顿争论光究竟是粒子还是波，但被牛顿压了下去，直到百年后人们才发现胡克的波动论。

在不断地为他人作嫁衣的情况下，胡克越来越不愿意公开自己的研究成果。以至于著名的胡克弹性定律需要通过字谜的方式先发表，两年后再由他解谜才能公之于众。

今天的我们提起胡克，想到的只有胡克弹性定律和细胞的发现者。纵观胡克的一生，不难发现他的努力为整个人类科学史又增添了浓墨重彩的一笔。

2.4　比夏：不相信显微镜的生物学家

人们应该相信工具吗？使用望远镜、摄像机、显微镜等工具观察到的图像是否就是事实真相？现代生物学的研究早已离不开各种高端设备，我们心中也有了答案。但第一个提出这个问题的科学家比夏，却拥有不同的看法。

2.4.1　天才少年的三位老师

泽维尔·比夏出生于法国东部。他的父亲是一名医生，也是比夏医学之路的第一位老师。

在父亲的教导下，比夏对人体医学展现出了浓厚兴趣，并立志做一名医生。在学生时期，比夏展现出了惊人的学习天赋。他在数学和物理两科进步飞速，这也为其日后的成就打下了扎实的基础。这样一个好苗

子，引起了当时法国著名医院的
一位首席外科医生的注意，二话
不说就把比夏收入门下。所以顺其
自然地，比夏选择投身于解剖学的
研究当中。

　　1793 年，学业有成的比夏被
指定为阿尔卑斯山陆军的实习医生，为军队医院的一位外科医生当助手。
这段当军医的经历为比夏积累了丰富的实践经验。实习结束后，比夏去
了巴黎，认识了他的第三位老师皮尔·约瑟夫·德桑。

　　德桑不仅是一位著名的解剖学家和医学家，还是一位教育开拓者，
被人们称作法国外科医学教育的引路人。德桑创办的学校，吸引了法
国及世界各地的学生前来学习，在后来被比夏誉为"最好的外科学校"。
德桑在见到比夏的第一眼，就喜欢上了他。

2.4.2　肉眼对抗显微镜

　　师父领进门，修行在个人。比夏没有辜负三位老师的期待，他试
图通过实验研究人体器官再下一层是怎样的构造。比夏拒绝使用显微
镜，因为他认为通过工具观察到的东西是不真实的，他只相信自己的
眼睛。

于是，仅靠裸眼观察区分，比夏首次提出了"组织"的概念。比夏提出，一个系统是由多个器官组成的，比如呼吸系统、消化系统。而一个已分化的器官则是由几种不同的组织构成的。比夏区分出了 21 种不同的组织，如硬骨组织、肌肉组织、神经组织、黏液组织等。而到了 19 世纪末，他又将这 21 种组织归为四大类，即神经组织、结缔组织、上皮组织和骨组织。这与今天我们现代医学所划分的神经组织、结缔组织、上皮组织、肌肉组织几乎完全统一。

从生物学的角度，维萨里第一次将人类对机体的认识带入器官层面，而比夏则是第一次将人类从器官带入组织层面。他的分析思路与方法，使得组织学说为以后的细胞学说做了强有力的铺垫，为人类揭开生命秘密建立了一座里程碑。

2.4.3 天妒英才

由于常年奋战一线，终日与尸体打交道，比夏不可避免地染上了疾病。1802 年 7 月 8 日，比夏在下楼时突然晕倒。短短 15 日之后，病魔就夺走了他的生命。

比夏享年 30 岁。在他去世的当晚，一封寄给拿破仑的信件中写道："比夏倒在了一个没有硝烟却尸骨如山的战场上。他做了那么多工作，每一样都一丝不苟，完美无瑕。"十天后，法国政府将比夏和他的恩师德桑的名字刻在了师徒二人奉献一生的医院牌匾上。后来，比夏的名字又单独被刻在了法国埃菲尔铁塔上，以纪念这位英年早逝的天才。德国著名哲学家亚瑟·叔本华这样评价比夏的著作《生理学》——整个法国文学界最引人深思的作品之一。

从现在的视角来看，如果比夏没有英年早逝，如果他没有拒绝使用显微镜，那么细胞学说可能会提早问世。然而，人生没有"如果"，遗憾总是存在的。但正因为有了这些遗憾，我们才会更加珍惜生命中的美好。

2.5　没有人能拒绝显微镜：马尔比基

在人类认识细胞的旅途中，显微镜的出现为生物学家们打开了一扇新的大门。

　　有时候，重大的科学发现并没有我们想得那么高深莫测，就比如显微镜的问世，使研究人员们通过观察可以获得新发现。

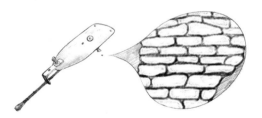

　　身为布料商人的列文虎克通过显微镜发现了细菌、红细胞和精子。

　　马塞洛·马尔比基是一位意大利的生物学家和医生。通常情况下，在细胞学说的发现过程中作出贡献的生物学家中大多数是医学家或医生。马尔比基更

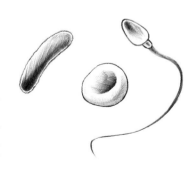

像一个标准的生物学家，对医学、解剖学、动物和植物都有研究且颇有
建树。他 38 岁时，已经是一位出色的学者和研究人员了。但真正让他
名垂青史的成就是在他获得显微镜之后才完成的。

1660 年，马尔比基想知道生物的肺部血液是如何流动的。于是，他
解剖了绵羊的肺，并将黑色墨水注入羊的肺动脉。这样一来，他就可以
通过追踪黑墨水的分布来了解动脉和静脉的血液循环方式。但由于绵羊
对于显微镜来说实在太大了，无法观察
到更细节的东西，也无法精确到每根血
管中的血液流动情况。

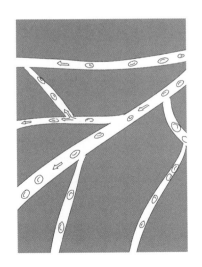

因此，在 1661 年，马尔比基选择
了尺寸更为合适的青蛙来继续进行观
察。这次，他获得了巨大成功。他第一
次观察到了青蛙肺部毛细血管的血液流
动方式，以此证明了身体内的血液是在
一个封闭系统中流动的。

此后，尝到甜头的马尔比基开始利用显微镜进行其他观察。通过观察动物，他先后发现了肺泡的存在、肺的呼吸原理，以及黑色素的产生原理。通过观察植物，他发现了植物细胞壁的存在、细胞质的形态、叶片上气孔的开合、生长素的极性运输过程。

借着手中的显微镜，马尔比基打开了新世界的大门，论文频出，头衔无数，被誉为"显微解剖学和组织学的创始人，胚胎学之父"。动物肾脏内的两处构造以他的名字被命名为马氏小体和马氏金字塔。昆虫排泄和渗透系统的重要组成部分被命名为马氏管。植物家族锦葵科植物也以马尔比基的名字命名。

马尔比基的成就虽然主要依托于显微镜的使用，但这并不意味着他的成功来得容易，长年累月的学习、实践、探究、思考才是这一切成就的基础。

2.6　细胞学说，源于巧合

细胞学说，无疑是生物学史上最重要的里程碑之一。恩格斯将细胞学说、能量守恒定律与达尔文的生物进化论并列为 19 世纪自然科学的三大发现。然而，细胞学说的发现过程并非如我们所想象的那般"科学"。这是因为，它的发现过于"偶然"。

2.6.1　第一巧，律师的极端行为失败了

施莱登，1804 年出生于德国汉堡。他的父亲是一名医生，受父亲的影响，施莱登自幼便对医学有所了解，成年后先是成了一名律师。

他在律师这个职业上的表现并不顺利。施莱登在经历了巨大的工作压力和情绪低落之后，选择采取极端行为结束自己的生命。然而，命运的轮盘似乎并未就此停止转动，他的极端行为失败了。

在施莱登人生低谷的时候，他的生命中出现了第一位贵人——他的叔叔，著名植物学家赫克尔。赫克尔非常关心施莱登的精神状况，于是建议

他尝试学习自己研究的植物胚胎学。于是，施莱登从零基础入门，用了两年的时间研究植物胚胎学，并独立发表了第一篇学术论文。这篇论文一经问世，便猛烈地抨击了当时在植物研究领域占据主导地位的林奈派系的传统植物学观念。

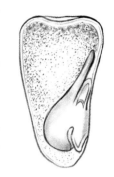

施莱登认为，研究植物不应该只做采集、分类、鉴定、命名，而忽视对植物的结构、受精过程、发育机理的研究。他对植物胚胎学的深入研究，为日后提出细胞学说奠定了坚实的基础。

2.6.2 第二巧，叔叔的朋友是专家

为什么施莱登会想到去研究细胞学说？这与他生命中的第二位贵人密不可分，此人便是他叔叔的朋友——大名鼎鼎的发现分子布朗运动的罗伯特·布朗。

布朗在 1828 年发现并命名了细胞核，证实其普遍存在。这一成果对施莱登影响深远。作为植物胚胎研究者，他也发现了细胞核，并证明其对植物发育至关重要。因此，如果细胞核是植物细胞的普遍结构，那么包裹着它的细胞是否就是组成植物的基本单位呢？ 1838 年，施莱登发表了代表作《植物发生论》，正式提出细胞是植物体的基本单位，无论多复杂的植物都由细胞构成。此时，细胞学说已迈出重要一步。

2.6.3　第三巧，转职神父是块宝

施旺是细胞学说的另一位创始人，比施莱登小六岁，出身于金匠家庭。他从小自卑软弱，缺乏自信，因此对宗教产生了浓厚兴趣，并立志成为一名神职人员。

与施莱登不同的是，施旺没有植物学家叔叔为其引路。在学习宗教的过程中，他逐渐发现经文中记载的各种神迹和自然现象并非神的全知全能，而是人类与自然不断发展融合、趋于和谐完美

的过程。为了证明自己的这一想法，证明人类一直处于不断趋于完美变化的状态之中，施旺离开了教会，前往大学学习医学，并顺利获得了医学博士学位。

施旺的研究范围非常广泛，涉及肌肉组织、胃蛋白酶和酵母菌等领域，并取得了不俗的成果。但是他始终感觉还差了点什么。一次偶然的机会，施旺和施莱登一起吃饭，分享了自己的新理论：植物细胞学说。在饭桌上，施莱登告诉施旺，他在观察植物细胞时发现了细胞核，并且做实验证明了植物发育离不开细胞核。这让施旺十分惊讶。

施旺立刻想起自己在对动物组织研究时曾在显微镜下看到过某些奇怪的结构，而这些结构与面前这位植物学家所说的"细胞核"几乎一致。如果植物是由细胞构成的，那么动物也是吗？那植物加上动物，不就等于生物界的共性了吗？

想到这些，施旺回到实验室后，用显微镜开始了大量观察。果然，他在动物的脊髓细胞、软骨细胞等其他细胞中都发现了细胞核的身影。1839年，施旺在《关于动植物的结构和生长一致性的显微研究》一文中正式提出了动物细胞学说，至此，细胞学说问世。

施莱登和施旺提出的细胞学说指出：

（1）细胞是一个有机体，一切动植物都由细胞发育而来，并由细胞核和细胞产物所构成。

（2）细胞是一个相对独立的单位，既有它的生命，又对与其他细胞共同组成的整体生命起作用。

（3）新细胞是由老细胞产生的。

尽管此时的细胞学说并不完美，还有很多问题存在，但它的重要地位不可忽视。它让人们第一次明白大熊猫和竹子尽管形态迥异，但它们都由共同的基本单位——细胞构成。

2.7　耐格里和魏尔肖

虽然细胞学说的地位非常重要，是整个生物学史和科学史上的一个里程碑式发现，但并不代表其没有缺点。因此，细胞学说的不足为后来的生物学家们提供了展示自己才华的舞台。

2.7.1　又一次站在巨人的肩膀上

在探究新细胞是如何从老细胞中产生的这一问题时，施莱登和施旺的研究认为，新细胞是从老细胞中产生的。但他俩认为的产生，是指新细胞是从老细胞的细胞核

中"长"出来的，或者从细胞质中凭空结晶出来的。通俗地说，相当于人类的十月怀胎，新细胞是老细胞先孕育，然后"生"出来的。但这种说法没有证据证实。

施莱登的一位好友，同样是植物学家的耐格里使用显微镜观察了植物的分生区细胞。观察结果令人十分意外，耐格里看到了植物分生区细胞的分裂过程，是由一个细胞分裂成了两个，而不是老的生出了新的、大的生出了小的。于是，耐格里成了第一个观察到细胞分裂的人。

耐格里的这一发现，为细胞学说的完善迈出了重要的一步。

2.7.2 拥有各种头衔的魏尔肖

细胞学说的建立，是先研究植物细胞，后研究动物细胞，而后合二为一。

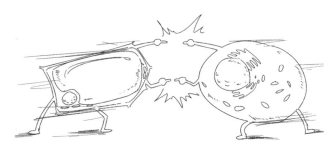

后来，来自德国的魏尔肖也证明了动物细胞是由细胞分裂产生的，并直接归纳总结，一锤定音：细胞通过分裂产生新细胞。

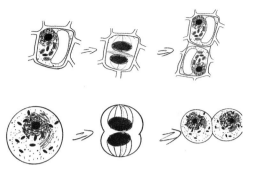

魏尔肖是一位非常杰出的人物。他是医生、人类学家、病理学家、史前学家、生物学家、作家和政治家，被誉为"现代医学之父"和"医学教皇"。他的一生成就无数，贡献杰出。

但也有人说，细胞分裂理论的来源，不是他自己的研究成果。具体原因，本书不做描述。

2.8　细胞学说结语

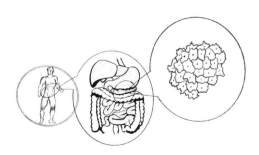

1543 年，维萨里通过解剖尸体，将人类对生物的认知从个体水平上升到了器官水平。可惜维萨里早逝，未能继续深入研究。

17 世纪，胡克、列文虎克和马尔比基通过改良和使用显微镜，使人类接触到了微观世界，并观察到了细胞形态。可惜只是描述观察到的现象，未能形成系统的、成体系的细胞理论。

18世纪，比夏靠肉眼区分组织，将人类对生物的认知从器官细分到了组织水平。可惜比夏拒绝了显微镜，未能深入到更深层次的细胞水平。

19世纪，得益于前人的宝贵经验，施莱登、施旺提出细胞学说，可惜二人未搞清楚细胞来源的过程，犯了错误。

同样是19世纪，耐格里和魏尔肖修正了细胞学说，总结出细胞通过分裂产生新细胞。这让人类对生命的认知又前进了一大步。但是，对于不具有细胞结构的生命的繁殖方式并未进行研究。

在这条探寻生命本源奥秘的旅途中，能人辈出，各领风骚。每个名字都带来了自己的贡献，每个名字也都带来了未完成的遗憾与不足。但正因为遗憾的存在，才显得成功珍稀诱人。细胞学说经过一代代科学家不断地修正、提出新理论和再修正、再提出新理论……发展到今天，已经与农业、食品、健康密不可分。它成为生物学大厦中一块牢不可破的基石，并赋予了生物学不同于其他自然科学的独特韵味。

第 3 章

细 胞 内 部 的 故 事

当我们把生命体看作一个整体时，细胞是基本的结构和单位。虽然用基本二字形容，但细胞并不是小到不可再分的单位，其内部依然存在着复杂精妙的结构，包含了诸多细胞器来行使各种生理功能。当我们把细胞看作一个整体时，这些细胞器又是从何而来，具有什么样的功能呢？

3.1　细胞内部的样子，像极了你家房子

家庭是社会的基本单位，社会由无数个家庭组成；同样，细胞是生物体的基本单位，生物由无数个细胞组成。细胞内部的模样，就好像你家的房子。

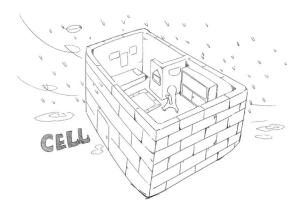

3.1.1　细胞膜和细胞壁：防盗门和外墙

第一个问题，家是什么？家是遮风挡雨的住所，是肉体与心灵温暖的港湾。一堵墙，墙外是世界，墙内是家。墙，决定了房子的空间和

性状。而植物细胞的"墙"，便是细胞壁，可以起到保护细胞和维持细胞形态的作用。

第二个问题，你的家为什么是你的家？这句话听起来很奇怪。但仔细想想，一个房子是你的家而不是别人的家，是因为防盗门将你的家与其他人的家分隔开了。而且只有经过你的允许，别人才能进出你的家。对于你家，防盗门行使着"将你家与外界隔离开"与"控制你家人员进出"的两个功能。而细胞膜，便是细胞的防盗门，行使着"将细胞内部与外界环境分隔开"和"控制物质进出细胞"的功能。平时邻里间可以出门互相走动，聊天交谈。细胞也是如此，这便是细胞膜行使的第三个功能：进行细胞间的信息传递。

3.1.2　线粒体：厨房重地

民以食为天，人生来就要吃饭。在家里，我们获取食物的来源通常是买菜做饭。通过厨房将食材进行加工之后，变成饭菜，为我们日常的生活提供能量。

　　细胞里也有一个超级厨房，叫作线粒体。厨房中有锅碗瓢盆、燃气灶和微波炉等设备，可以加工肉菜蛋奶等食材。同样，线粒体中也有各种精密的结构和酶，可以将有机物进行处理，并进行一系列生化反应后变为能量，维持细胞的正常生理活动。因此线粒体也被称为细胞的能量工厂。

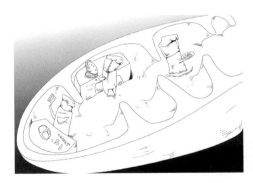

3.1.3　叶绿体：自己产的，吃着放心

　　除了买菜做饭，还有一部分居民喜欢自己种菜，在阳台上插葱、埋蒜、栽青菜，自给自足。

再看植物细胞内，就厉害多了。有的不只是一个小阳台，而是多个小阳台叠加到一起，直接建了一个立体农场。这些小阳台叫作基粒，像硬币一样一摞一摞堆叠到一起。很多基粒堆组成的立体农场就是叶绿体。

叶绿体的主要功能是进行光合作用。它将光能转变为化学能，合成有机物储存起来。这个立体农场既能种植，又能生产，还能储存，非常高级。

3.1.4 细胞核：书房，知识殿堂

书房是每个家庭的知识重地。依靠知识，我们得以明白何时做饭吃饭、如何洗衣刷碗，以及怎样照顾一家人的生活起居。

细胞内的书房——细胞核也是如此。细胞核是细胞内部近似球形的结构，储存着细胞内所有的遗传信息，也就是我们熟知的基因。一个个基因就像一本书，每一本都单独记载着一个遗传片段，比如单眼皮还是双眼皮、直发还是卷发等。多个基因组合起来就形成了 DNA。多个 DNA 加上蛋白质组合起来会形成一种更加黏稠的物质。由于这种物质容易被碱性染料染色，因此被称为染色体。如果说单个基因是一本书，那 DNA 就是一堆摆放整齐的书，染色体就是装着大量书籍的书架或书柜，而细胞核则是藏有多个书柜的书房，是细胞内的知识殿堂。

3.1.5 从家到家乡，从细胞到个体

家庭是社会的基本单位，而细胞则是生命体的基本单位。家庭能够满足人的生活起居、衣食住行等需求，而细胞则能够完成各种各样的生理活动。

很多个户型相同的房子可以组成楼房，创造价值并维护秩序；同样，很多个形态相近的细胞可以组成组织，如上皮组织、结缔组织、神经组织和肌肉组织，完成分泌、保护、舒张、收缩和连接等基础功能。

很多栋楼房可以组成小区，人们可以在小区内采购生活用品、上学读书、寻医治病等。同样，很多个组织也可以组成器官，如心脏、胃和肺，完成消化、吸收、呼吸和物质循环等高级功能。多个小区的超市便利店组合起来，形成了城市的商业系统；多个小区的医院组合起来，形成了城市的医疗系统；多个小区的学校和幼儿园组合起来，形成了城市的教育系统；多个小区的道路和车辆组合起来，形成了城市的交通系统。

同样，多个器官互相协调组合起来，便形成了生物系统。

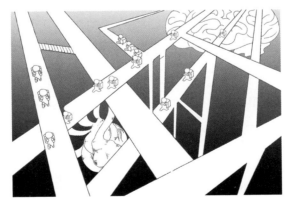

　　每天，物流中心发出各种生活用品，快递小哥骑着车穿梭于城市中，最后将生活用品送到你的家里。每天，你的肠胃吸收的各种营养物质和

肺部收集的氧气经由血液流动流遍全身，送到每一个细胞之中。

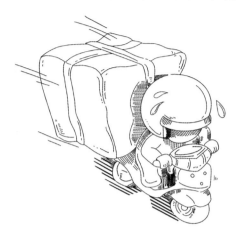

　　每天，你下楼去垃圾桶倒垃圾，然后垃圾车将垃圾收集起来，送到垃圾站统一处理。每天，人体细胞将代谢废物排出，然后进入血液，送到肾脏变成排泄物排出体外。

　　每天，你坐车上学、买纸买笔、打针吃药、做运动玩游戏。城市的交通系统、购物系统、医疗系统、娱乐系统都在为你的活动提供便利。每天，身体的皮肤系统、骨骼系统、肌肉系统、呼吸系统、循环系统、消化系统、泌尿系统、免疫系统、神经系统、内分泌系统和生殖系统互相协作，让生物体能跑能跳、能吃能睡，并完成各种各样的生理活动。

　　生命体的组成和社会组成非常相似。从家到家乡，也就是从细胞到个体。

3.2　生命起源的那些事

　　细胞是如何出现在地球上的？这么多神奇的细胞器又是怎样出现在细胞内的？对于这个问题，科学家们提出了很多大胆的猜测，来描绘数十亿年前的地球上可能发生的故事。

3.2.1　生命的舞台

　　大约在 38.5 亿年前，地球上下了一场大雨。这场大雨持续了长达百万年，在地球上形成了第一个海洋，我们称之为"原始海洋"。

原始海洋中没有生命的存在，只有大量的无机盐被泡在水中。那个时候，地球还很"年轻"。海洋刚刚形成，大气层也没有今天这么厚实，负责抵御和吸收紫外线的臭氧层也还没有形成。由于缺乏保护，宇宙中的各种射线和粒子可以直接照射进原始海洋中。

众所周知，晒太阳可以取暖，因为太阳光中含有红外线、紫外线等具有能量的射线。因此，在携带着这些能量的射线的照射下，原始海洋中的无机物不断地被催化并发生反应。经过漫长岁月的洗礼，它们逐渐转化为有机物。

3.2.2 聪明的磷脂

原始海洋中存在许多有机物，其中一种神奇的分子被命名为磷脂。它之所以被称为神奇，是因为它的头部亲水，尾部疏水。也就是说，磷脂分子的头部非常喜欢接触水，而尾部则极力抵制与水接触。

于是，聪明的磷脂分子想到了一个办法：手拉手，并排站，围成一个球面。这样外面一圈全是头部，里面一圈全是尾部。但这样一来，头部是全部碰到水了，可这个圈子里边也有水，那尾部怎么才能不碰到水呢？聪明的磷脂分子又想到了第二个办法，那就是再组成一个小一号的

球面，头全部靠里边，和外圈的兄弟姐妹们尾对尾排列。这样一来，里外两层的头部全部都能碰到水，中间两层的尾部都碰不到水，完美解决问题。这一操作，看似简单，但这是有机大分子完全在无意识的情况下完成的组合。这两圈磷脂分子，形成了磷脂双分子层，也就是生物细胞膜的经典结构。而磷脂双分子层的出现，标志着地球上生命的开端。

3.2.3　吃饭还是做饭？这是个问题

原始生命出现了，也带来了一个问题。这个世界上是先有自养型生物呢？还是先有异养型生物呢？换句话说，是先有能够自己产生能量的生物呢？还是先有只能靠吃别的生物来维持生命的生物呢？答案显而易见。如果现在全球都覆盖着免费的 Wi-Fi，谁还会购买流量上网呢？

所以，最早期出现的生物全部都是异养型的。

但是，在进食的过程中，新的问题出现了。虽然原始海洋中的食物很充足，但它们只是基础有机物，需要不断地吃才能满足生存需求。于是，一部分努力奋斗的生物尝试利用照射进海洋中的光和射线携带的能

量来合成有机物。结果，它们取得了巨大的
成功。这部分生物从"吃饭"变成了"做饭"，
成了第一批自养型生物，通过自身合成的有
机物来维持生命，再也不用和别人争夺食
物了。

3.2.4　匹夫无罪，怀璧其罪

在漫长的岁月中，自养型生物默默地稳
定发育，并形成了不小的规模。然而，异养型生物却遭遇了大麻烦。一
开始，由于有机物充足，异养型生物只顾着吃和繁殖。结果，种群数量
不断增加，需要的食物也越来越多。每一代都是几何倍数的增长，最
终把原始海洋里的有机物消耗殆尽。这使得异养型生物陷入了食物危
机。而此时，异养型生物想学习自养型生物如何合成有机物已经为时过
晚。在饥饿和生存的压力下，一部分异
养型生物开始瞄准繁荣昌盛的自养型
生物。

一开始，异养型生物只是因为饥饿
难耐，吃的游离有机物营养不高，所
以需要一整天不停进食。于是想抓住一
只自养型生物来解决温饱问题。但没想
到真正吃了自养型生物后，惊喜出现
了——自养型生物体内的有机物不仅含量高，而且质量好，一顿顶十顿，

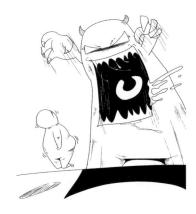

而且目光所及之处，自养型生物随处可见，还能自行繁殖。这样一来，它们可以从吃一辈子变成吃好几辈子了。这个消息一传开，异养型生物集体化身为捕食者，对自养型生物展开了疯狂的捕食。

可怜的自养型生物研究出了如何创造财富，却没有研究出如何保护财富。

3.2.5 两者竞赛

天无绝人之路，根据达尔文先生的说法，当年的自养型生物虽然都能合成有机物，但方式略有差别。这就导致了在合成有机物的同时还会生成不同的其他产物，比如有的生成氮气，有的生成氢气，有的生成氧气。异养型生物对自养型生物的捕食，使得自养型生物节节败退。但唯独一支能生产氧气的自养型生物活得很好。为什么？因为当时的异养型生物大多都靠无氧呼吸提供能量。而氧气能抑制无氧呼吸，异养型生物不敢靠近。

于是，能生产氧气的族群开始大量繁殖，疯狂生产氧气。随着海洋中氧气浓度越来越高，异养型生物慌了。眼看灭顶之灾步步逼近，异养型生物于绝境中也爆发出了潜力，产生了专门针对氧气的秘密武器——超氧化物歧化酶。

有了这种酶的存在，异养型生物不仅不怕氧气了，还可以利用氧气进行有氧呼吸。相对无氧呼吸来说，有氧呼吸能提供的能量更多、更高效。又一次陷入绝境的自养型生物实在没办法了，只能使出自己的终极撒手锏：逃跑。

　　自养型生物聚集起来，不断地生产碳酸钙等无机盐，像盖房子一样，一层一层越来越高、越来越宽。直到无数岁月后的某一天，这座房子露出了水面，于是产生了陆地。对异养型生物而言，万不能离开海洋。因为来自宇宙中的射线若是不经海水阻拦直接照在身上，会产生严重损伤。但是对几万年甚至几十万年间一直利用阳光射线合成有机物的自养型生物来说，完全可以接受。而且没了海水的阻拦，光合作用的效率会更高。于是，自养型生物毫不犹豫地举族迁徙到了陆地上。陆地上第一次有了生命的存在。

3.2.6　怀才唱罢我登场

　　自养型生物上岸后，充足的阳光、广阔的空间和没有天敌的威胁，让它们自由扩张。很快，自养型生物占领了每一寸陆地。然而，在海洋中，异养型生物面对的环境却是另一个极端。为了生存，异养型生物只能互相捕食，经过多年的折磨，仅存的异养型生物决定上岸试试。

它们发现，自养型生物的大量繁殖，不停进行光合作用释放氧气，使得地球大气的氧气浓度过高，导致一部分氧气在大气层外围经过化学反应变成了臭氧。氧气越来越多，臭氧也越来越多。最后，直接形成了一个臭氧层。这层臭氧层拦截了大量有害射线和粒子，使得到达地面的阳光变得温和无害，直接解除了对异养型生物的致命威胁。陆地生物时代，就此开启。

3.3 线粒体：十亿年友情的见证

线粒体是每个细胞内必备的细胞器，用于提供细胞生命活动所需的能量。关于线粒体的起源和诞生过程，我们从生命之初开始讲起。

3.3.1 体形健壮的原始细胞与他的"小老弟"

在生命的早期，原始海洋中孕育着大量生物。这些生物无论是异养型还是自养型，外形相似，都是由单个细胞组成的，由自己的细胞核控制，漂浮在海里，我们将其称之为原始细胞。如果要说它们之间有什么明显的区别，大概就是大小上的差异。有些细胞体积较大，获取食物更容易，同时也需要更多的食物来维持其庞大的体型。而有些细胞体积较小，所需食物较少，并且会偶尔发生有趣的变异，以帮助自己生存。

　　在上古时期平凡的一天，一个体形健壮的原始细胞正在进食。它和其他同类一样，每天都过着"吃吃吃"的生活。细胞摄取食物的方式很简单粗暴：靠近食物，依靠细胞膜的流动性将食物包裹起来，紧接着细胞膜内陷形成一个小泡。然后，食物就从细胞外进入细胞内的一个囊泡中被消化吸收。这个过程就像细胞把食物"囫囵吞"了进去，因此称为"胞吞"。

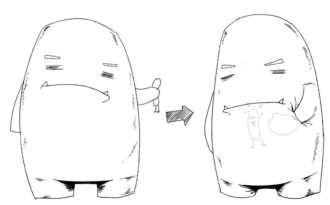

这种方式使得原始细胞能够吞下比自己小的所有东西，如食物、石子、沙子，以及体积较小的其他细胞。而我们故事的主角——壮壮原始细胞（下简称：壮壮），有一天不小心吞进了一个奇怪的小家伙。

为什么说它奇怪呢？因为这个被吞进来的小家伙除了大家都有的细胞核和细胞膜之外，还带着一个奇怪的装置：一台发动机。也许正是因为这台奇怪的发动机，壮壮惊讶地发现，这个小细胞竟然无法被自己消化。不仅如此，这个小家伙甚至直接定居在壮壮的身体内了。壮壮一看，觉得有些意思，想看看它能在自己体内坚持多久。于是，他没有把这个小家伙吐出去。随着时间的推移，壮壮的生活从吃饭、排泄，变成了吃饭、排泄、研究小细胞。

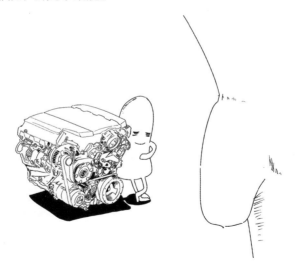

3.3.2 小家伙，身怀绝技

经过一段时间的相处，壮壮越发觉得这个小细胞有些神奇。通常来说，原始细胞都是通过无氧呼吸来提供能量的，因为氧气会抑制无氧呼吸的活性。但是这个小细胞自带的发动机非常特别，可以将氧气作为燃料产生能量。这种能量数量大、质量高，不仅能满足小细胞使用，多余的能量还能供给壮壮使用。凭借着这份额外的能量，壮壮每天都精神饱满、干活不累、吃得香睡得好。

　　这种变化让一开始打算吃掉小细胞的壮壮改变了主意。壮壮想，反正自己短时间内也没有办法对付小细胞，劝降是不可能实现的，倒不如考虑合作共赢。毕竟小细胞虽然拥有绝技，但由于体形太小，容易被其他细胞吞食。

3.3.3　合则生，合则赢

　　小细胞和壮壮合作的好处有三。

第一，壮壮体型足够大，只有他能吞食别的细胞，别的细胞吞不下他，因此很安全。

第二，吃、喝、住都由壮壮提供，非常方便。

第三，小细胞能够解决氧气对壮壮的威胁，并将其转化为强化壮壮的能量。这样一来，壮壮就能捕获更多的食物，变得更强壮，自己也更加安全。双方共赢。

因此，壮壮和小细胞达成了共识。壮壮单独为小细胞划定了一个区域，使得能量的传输更为直接、高效。小细胞则放弃了自己的细胞核，交由壮壮控制，从此一心一意地专注于生产能量，无论快慢，都听从壮壮的指挥。壮壮为了感谢小细胞的付出，给了它独立繁殖的自由。这种合作关系代代相传，并在不断的改进与优化之下，演变成今天细胞的样子。小细胞也因此获得了新的名字——线粒体，被誉为"细胞的能量工厂"。

3.3.4 写在最后

壮壮和小细胞的故事来源于生物学上探究线粒体和叶绿体的起源时

提出的"内共生假说"。顾名思义，小细胞被吞入壮壮体内后与其共同生存。那么叶绿体是如何产生的呢？其经历与线粒体类似。

3.4　细胞的"小心思"

无论是征服还是合作，无论是吞噬还是共生，细胞的内部结构都已经确定。尽管不同细胞的细胞器存在微小的差异，但它们的形态和功能大致相同。俗话说得好："一根筷子易折断，十根筷子抱成团"。个人的力量再强也不如集体的力量强大。

3.4.1　聚义，共议大计

30 亿年前的原始海洋中，一个单细胞生物正在召集自己的兄弟姐妹、亲朋好友一起组成多个细胞的有机群体。只见那个单细胞生物气宇轩昂，英姿勃发，口若悬河，舌灿莲花。

"各位朋友，我们生活在原始海洋中，目的是什么？没错，生存。

但我们现在的生存状况稳定吗？并不稳定。我们每天都要为了食物和饮水而不断奔波，随时有被比我们更大的单细胞生物吃掉的风险。如果有一天我们都被吃掉了，那么我们的血脉就会断绝，我们的名字将永远从这个世界上消失。因此，为了族群的延续，为了千万年后我们的基因仍然存在于天地之间，我提议大家贡献出自己的身体，结合在一起形成一个整体。这样，我们的存活率会大大提高。"

听到这番话，其他单细胞生物都感到热血沸腾，于是全部加入了进化的征程中。多细胞生物——由多个细胞组成的生物应运而生。

相比于单细胞生物而言，多细胞生物具有巨大的优势。

首先，单个细胞的体形是受限制的。越大的身躯就需要越多的能量和营养物质供应。即使细胞再大，也有一个极限。但是多细胞生物是由组成其身体的细胞数量决定体形的，这个极限要比单个细胞的极限大出几百几千万倍。这样一来，多细胞生物可以轻松地捕食其他单细胞生物。

其次，单个细胞获取食物和能量的能力微小。但是多个细胞组合在一起，对食物的获取能力获得了一加一大于二的提升。

再次，在面对自然环境中的危险时，如高温、辐射和有毒物质等，单个细胞损坏一半就等于整个细胞死亡。但是多细胞生物即使部分死亡也可以继续存活下去，从危险中存活的概率更高。因此，多细胞生物的出现是必然的。

3.4.2　竞争，群雄并起

原始海洋中生命繁多，各种生物层出不穷。第一个多细胞生物的出现，也意味着会有更多不同种类的多细胞生物同时诞生。最初的竞争，也是最直接的竞争，就是比数量。大家都在拼命地招募士兵和购买武器，积累自身的单细胞数量。有多拼命呢？在很短的时间内，就从几个细胞增长到几亿个细胞的规模。

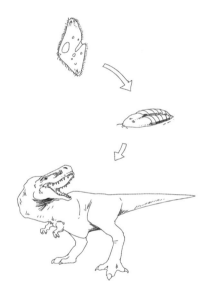

但是随着时间的推移，多细胞生物们发现这样不太对劲。细胞多了，虽然意味着更大更安全了，但与此同时，需要的能量也增加了，同时控制这些细胞的行动也变得越来越困难了。如果还一味地追求体形，总有一天生物体会因为超负荷而崩溃。那怎么办呢？选出一个领袖就可以了。

领袖能做什么？他可以组建一套完整的信息传递网络。不管是哪里疼了，还是哪里痒了，不管是看见了什么，还是听到了什么，都能第一时间传输给领袖处理。同时，领袖的指令一经发出，也能第一时间传达给每一个细胞。

接下来，由领袖指挥分配，让每个细胞各司其职，将自己的长处发挥到最大。身强体壮、不怕磕碰的细胞集合起来，变成皮肤和骨骼来保护和支撑生物体。活跃的、有韧性的细胞组合起来，变成肌肉，使生物体可以运动。在这样的号召下，不同的细胞逐渐形成了形态功能各异的器官，行使不同的功能。这个过程被称为细胞的分化。

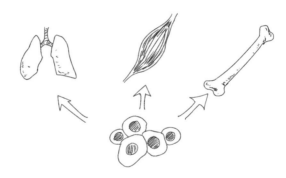

拥有了分化而来的器官后，各类豪杰又开始强化自己的器官，开启了新一轮竞赛。有的生物专注于攻击力，长出了尖牙利爪；有的生物专注于防御，长出了厚厚的甲壳；有的生物专注于敏捷，拥有了更发达的呼吸能力和更有力的四肢。在这样不停与自然环境和其他物种斗争的过程中，各种器官不断升级演化，最终成了我们今天看到的各种生物的样子。

3.4.3 另类，愚公移山

在众多生物都选择进化成多细胞生物的时候，一些相对"不太聪明"的单细胞生物拒绝了成为更复杂生命体的机会。它们保持着自己的单细胞形态，脱离竞争，生活简单而愉快。但是，这样的生活方式是否足以应对来自各种多细胞生物的捕食和自然环境的危险呢？又如何保证种群的延续呢？答案是繁殖。

这类单细胞生物认为，它们存在的意义无非是为了繁衍后代。虽然变成多细胞生物可以提高个体存活率，但总数仍然较少。

单细胞的结构最简单，意味着维持生命活动所需的能量最少。如果将这些能量全部用于繁殖，种群数量将以惊人的速度持续增长。我

有子，子又有子，子又有孙，子子孙孙无穷尽也。直到现在，单细胞生物依然占据着底层生态位。

3.5　细胞膜结构的探索

自细胞被发现以来，对于细胞的研究从未停止。毕竟，细胞是构成生物的基本单位。理论上，生命的问题最终需要在细胞中找到答案。那么，如何进行研究呢？按照系统学的理论，主要从组成、结构、功能和演变四个方面进行研究。即：

组成：由哪些元素或物质组成；

结构：形成了什么样的构造、形状以及排列方式；

功能：行使何种功能，对生理活动有何影响；

演变：会发生哪些变化，变化后又具有何种功能。

要研究细胞，首先需要提到的是细胞的边界，也就是生物细胞的防盗门：细胞膜。那么，细胞膜到底是什么样子呢？首先就要从它的组成入手。

3.5.1 生物界的爱迪生

1895 年，英国的生理学家和生物学家欧文顿率先开始研究细胞膜的组成。欧文顿的实验原理非常简单易懂，叫作相似相溶原理，即同类物质之间会互相溶解或融合。实验方法也非常简单：逐一试验，让不同种类的物质依次通过细胞膜。哪种物质最容易通过细胞膜，就说明这种物质与细胞膜的组成成分最为接近，也就可以推断细胞膜是由这种物质组成的。

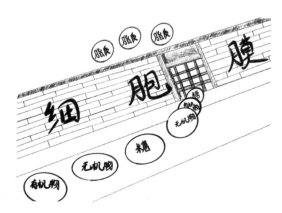

当我们写作文时，如果要形容一个人锲而不舍，不怕困难，往往会举爱迪生的例子。爱迪生为了选出合适的灯丝，试验了 2 000 多种材料，

令人十分钦佩。而欧文顿为了探究细胞膜的组成，更换了 500 多种物质，足足进行了上万次实验才得出一个相对靠谱的推测。不看结果，单论这份执着求知的精神，也足以令人动容。

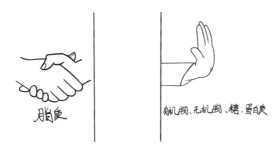

欧文顿的实验结果发现，能溶于脂质的物质更容易穿过细胞膜，不能溶于脂质的物质则不容易穿过细胞膜。因此欧文顿推测细胞膜是由脂质组成的。这一结论随着科技的发展和科研设备的更新，在后世的科学家们有能力提取出纯净的细胞膜，并经过化学分析之后，正式确定了细胞膜是由大量磷脂和少量胆固醇组成的，最终证明了欧文顿的推测是正确的。

3.5.2　科学家们的奇妙思路

在确定了细胞膜主要由磷脂分子组成之后，更深入的研究自然而然地展开了。磷脂分子具有亲水头和疏水尾的特性（有些类似于人们喜欢洗头而不洗脚的生活习惯），如果要满足这一性质，那细胞膜应该是由两层磷脂分子组成才符合逻辑。

于是，在 1925 年，两位荷兰科学家戈特和格伦德尔想出了一个巧妙的证明方法：测量表面积。首先测量一个细胞的细胞膜的表面积，然

后将该细胞膜上的所有磷脂分子铺成单层，再测量一下表面积。将两个
表面积进行对比，就可以清晰地看到细胞膜是
否为两层。

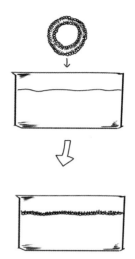

　　两位科学家使用丙酮从人的红细胞中提取
出了磷脂，并将其铺在空气—水界面上。所谓
空气—水界面，就是我们能看到的水和空气交
界的地方。由于磷脂具有亲水头和疏水尾的特
性，因此当它们浸泡在水中时会自发地围成一
个球面。在空气—水界面上，磷脂分子则会统
一朝下，让头部接触水、尾部接触空气。这样
就完成了磷脂分子的单层铺开。

　　戈特和格伦德尔测量完表面积后发现，单层磷脂分子的表面积恰好是
单个细胞膜表面积的两倍。这证明了细胞膜中的磷脂分子必然是连续的双
层结构。

　　1935 年，英国两位学者丹妮利和戴维森提出了新的猜测。这个猜
测基于一个小的发现：如果油脂滴表面吸附了蛋白质，那么油脂滴的表
面张力会降低。

　　他们推测细胞膜除了油脂之外，也可能含有蛋白质。这个推测虽然
合理，但同样缺乏证据。

3.5.3　最幸运也最倒霉的罗伯特森

　　经过几代科学家的探索和验证，基本可以确定细胞膜主要由脂质、

蛋白质和少量糖类组成。那么，脂质和蛋白质是以何种形式构成细胞膜的呢？

第一个给出答案的人是一位幸运儿罗伯特森。他之所以幸运，是因为他赶上了电子显微镜的问世。当年，列文虎克改良了显微镜，将其用于观察微生物。如今，电子显微镜已经问世，罗伯特森成为第一个用电子显微镜观察细胞膜的人。他在电子显微镜下观察细胞膜，看到了清晰的暗—亮—暗三层结构。

罗伯特森非常激动，并立即发表了自己的研究成果——细胞膜是由三层物质组成的静态结构。外面两层暗的是蛋白质，中间那层亮的是脂质，即蛋白质—脂质—蛋白质的静态稳定结构。

罗伯特森认为自己看到的一定是事实真相，自己的理论也一定是正确的。

然而，20 年后，人们开始对罗伯特森提出的三层静态结构质疑。最终，他没有成为"细胞膜之父"。

为什么会这样呢？由于电子显微镜放大倍数过大，对被观察物体所处的空间要求非常严苛——必须是真空状态。也就是说，罗伯特森观察到的是死亡细胞的静态细胞膜，虽然他非常幸运地获得了使用电子显微镜的机会，但由于不了解其工作机制，反而成了最倒霉的人。

3.5.4 流动镶嵌模型

1970 年，科学家们进行了新的实验，以探究细胞膜究竟是静止的还是流动的。他们选取了一个小鼠细胞和一个人体细胞，将它们的细胞膜表面的蛋白质分别染成绿色和红色。然后将两个染色细胞融合在一起。最初，新细胞的细胞膜上红色和绿色各占一半，非常明显。然而，在保持细胞存活的情况下，40 分钟后科学家们再次观察新细胞时发现，细胞膜表面的红色和绿色已经均匀混合在了一起。这证明了细胞膜具有流动性。

在此之前，科学家们的研究成果已经表明了，细胞膜的组成包括磷脂、蛋白质和少量糖类，那么蛋白质是以怎样的形式存在于细胞膜上的呢？1972 年，辛格和尼克尔森提出了流动镶嵌模型的假说。流动镶嵌模型是指，细胞膜中，磷脂双分子层是基本框架，蛋白质像栽萝卜一样以不同的方式镶嵌在磷脂双分子层中，有的镶在表面，有的部分或全部嵌入磷脂双分子层中，有的直接贯穿磷脂双分子层。

流动镶嵌模型并不是绝对正确的模型，但是在当时，使用该模型可以解释很多发生在细胞上的生理现象，帮助人们进一步了解细胞的生理活动。

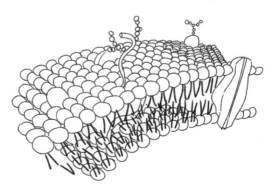

第 4 章

显微镜下的新世界

自列文虎克改进显微镜，发现微生物后，人们对微观世界的生命产生了浓厚的兴趣。虽然微生物是列文虎克第一个发现的，但他只观察并记录了它们的形态。关于微生物学的故事，要从巴斯德讲起。

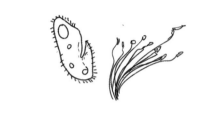

4.1　巴斯德与微生物

巴斯德出生于法国的一个小城镇。他的家境并不富裕，父亲是退伍军人再就业，当了一名皮鞋匠。虽然巴斯德在上学时成绩一般，但他对任何新事物都很好奇，并且有一种打破砂锅问到底的精神。巴斯德在接触科学之后迅速产生了浓厚兴趣，并在学术研究上突飞猛进。25 岁时，他获得了博士学位，45 岁就成了法国巴黎大学的教授。巴斯德对待科学研究的态度，用他自己的一句话说就是："在无数专注于科学研究的观察者中，机遇总是偏爱那些有准备的人。"

4.1.1　酒中之谜

葡萄酒是法国最著名的产业之一。法国的葡萄酒享誉世界，每年能带来大量的经济收入。但酒商们发现，葡萄酒放置时间过长会变质、变酸。如果能解决为什么酒会变质以及如何避免酒变酸的问题，就可以减少巨大的经济损失。于是，一位酒厂负责人找到了当时还是化学

家的巴斯德，希望他能帮忙解决这
个令人头疼的问题。

　　巴斯德认为，要研究酒是如何变
质的，就必须先了解酒是如何酿造出
来的。于是他开始研究酒的发酵酿造
过程。当时的科学界普遍认为发酵是
一种化学反应，是由简单无机物质和
无机物质之间的反应产生的。但是，巴斯德使用显微镜观察酒后发现，
在发酵过程中总存在一种细菌。他猜测，发酵现象可能是由这种细菌（后
来被命名为酵母菌）的繁殖引起的。继续观察后，巴斯德又在变酸的葡
萄酒中发现另一种不同的酵母菌。既然发酵是由酵母菌引起的，那么变
酸很可能是由这种新出现的酵母菌引起的。

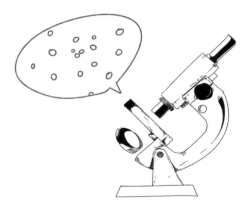

　　巴斯德猜测，加热葡萄酒可以导致其中的酵母菌死亡，从而使葡萄
酒不再变质。他设计了实验来验证这个猜测——他取了几瓶葡萄酒，将
一半进行加热，另一半不做处理。然后在相同环境下静置封存。结果，

不经过处理的葡萄酒放了一段时间后就变酸了，而加热过的葡萄酒放置了很长时间也没变酸。因此，巴斯德认为加热行为导致了葡萄酒中的酵母菌死亡，从而导致缺少了酵母菌的葡萄酒不会变质。这不是简单的无机物化学反应，而是有微小生物参与的更复杂的反应。

通过研究酒变酸的实验，巴斯德得出结论：发酵本质上是微生物繁殖并参与某些复杂反应的结果。后来，人们把巴斯德在实验中通过加热葡萄酒消灭酵母菌的方法称为"巴氏消毒法"。直到今天，牛

奶的低温杀菌处理仍然使用巴氏消毒法，比如在超市中随处可见的巴氏鲜奶。

4.1.2　瘟疫之源

在 1860 年左右，法国南部暴发了"蚕病"。蚕宝宝不爱吃饭，结果大批死亡，丝织产业受到很大的影响，蚕农们苦不堪言。作为在微生物领域初露锋芒的巴斯德临危受命，被派去解决这一难题。但巴斯德对微生物的有限了解全来自葡萄酒发酵。到了目标村庄之后，巴斯德面对着自己的新病人——蚕，瞬间懵了。

而当时，法国著名昆虫学家、小学必读书目《昆虫记》的作者法布尔恰好和他在同一地区。法布尔对这位不了解"病人"就敢来治病的科学家印象十分深刻，以至于他在日记中写道："巴斯德对蚕一无所知，

却要来拯救养蚕业,这和光着身子上战场没什么区别,我看不懂,但大受震撼!"

经过观察实践后,巴斯德发现造成这一问题的根本原因不是蚕本身,而是蚕的食物——桑叶。在显微镜下,巴斯德发现桑叶上有一种虫卵。虫卵被蚕吃进肚子后,就寄生在蚕体内,从而导致了蚕的大量死亡。

找到了原因,想要解决却没那么容易。巴斯德只知道加热能杀死微生物,但使用巴氏杀菌法把每片桑叶都经过高温处理显然不现实,而且蚕也不吃加热过的桑叶。俗话说病从口入,要解决这一问题的根本是要保证蚕吃进去的桑叶没有虫卵。于是,巴斯德另辟蹊径指导桑农们一片一片地检查桑叶、一个一个地筛选蚕宝宝。只要发现有虫卵的桑叶就全部扔掉,只要发现患病的蚕或蚕卵就全部烧毁。虽然这样会扔掉大批辛辛苦苦养出来的蚕,但桑农们还是听取了巴斯德的建议挨个筛查。然后再用通过筛选后的正常桑叶喂养筛选下来的

健康蚕。结果发现:经过如此筛查之后新生的蚕再也没生过病。

4.1.3 眼见之实

自巴斯德提出发酵是微生物作用的观点后,化学家们对这一理论的质疑从未停止。因为在巴斯德之前,化学家们认为发酵只是简单的化学反应,认为微生物是无机环境中自然产生的,并坚信生命起源于无机环

境。但是，巴斯德坚持认为只有生命才能产生生命。为了证明这一点，他设计了一个著名的实验。

巴斯德准备了两个烧瓶。一个是正常的烧瓶，另一个是鹅颈烧瓶。所谓鹅颈烧瓶，就是在正常的烧瓶口接了一根长长的，像鹅脖子一样弯曲的细管。这根弯曲的管子保证了除了纯空气之外，没有任何灰尘和小颗粒能进入烧瓶内。巴斯德向两个烧瓶内倒入了等量肉汤，然后经过加热煮沸，确保肉汤内的微生物都被杀死后静置冷却。然后，将两个烧瓶都敞口放置在同一间屋子里，保证空气可以与肉汤进行充分接触。结果过了三天，普通的烧瓶内部的肉汤里就出现了新的微生物，而鹅颈烧瓶内没有。就这样一直放下去，直至四年之后，鹅颈烧瓶内的肉汤仍然没有产生新的微生物，依旧澄清透明。

这个结果说明了什么呢？空气中飘浮着许多肉眼看不见的微生物，普通烧瓶内新产生的微生物正是空气中的微生物飘落进肉汤后产生的后代。而鹅颈烧瓶的构造致使只有空气能进入肉汤，微生物都被拦在了细管的弯曲处，进不到肉汤里，也就不会有新的微生物产生。借此实验，巴斯德强有力地证明了，生命不会随随便便从无机环境中自发产生。之前，化学家们认为生命会自发产生，只是因为人的肉眼看不见空气中飘浮的微小生命罢了。

4.1.4 世界之巅

巴斯德对微生物的研究，为人类首次揭示了变质、腐烂和伤口感染等日常现象的原因。通过肉汤变质实验，他成了首位了解微生物存在于食物中及其作用的科学家，让人们知道了疾病是如何从口腔进入体内，以及为何不干净的食物不可食用。他所发明的消毒和食物保存方法在世界范围内广泛传播，被人们广泛应用于日常生活中。

巴斯德对细菌研究的成果也为医学界带来了重要启示。英国外科医生李斯特在借鉴了巴斯德的巴氏消毒法后，首次尝试对患者伤口进行预先消毒处理，以避免感染引发其他并发症。通过这一举措，李斯特成功实现了世界上第一台无菌手术，使手术后患者死亡率下降了三分之二以上，因此被誉为"手术消毒的创始人"。

巴斯德的贡献也为生命健康和农业发展带来了重大影响。他声名远扬。1862 年，巴斯德当选为法兰西科学院院士，随后又成为英国皇家学会会员。

遗憾的是，天意弄人。正当巴斯德满怀信心，准备再接再厉时，普法战争爆发了。德国与法国展开激烈战斗，法军战事不利，巴斯德参军的儿子也在此次战争中不幸遇难。国家战争和丧子之痛让巴斯德无心继续从事科学研究，逐渐陷入了消沉之中。

后来，一篇天才的论文为巴斯德注入了新的活力，使他重拾信心再次投入科研工作。

4.2 "乡村医生"科赫

英雄造时势，还是时势造英雄？我们不得而知。在微生物学领域，与巴斯德一同诞生的，便是比他年轻 30 岁的科赫。

4.2.1 从医到从戎

科赫于 1843 年 12 月 11 日出生在德国的一个小城镇。在他 7 岁那年，镇子上的一名牧师因病去世了。年幼的科赫无法理解为什么一条生命会如此突然地消逝，他不断向母亲询问："牧师为什么会死？""牧师得了什么病？""这种病无法治愈吗？"由于母亲的知识有限，无法回答年幼科赫的问题。然而，这段经历在科赫心中埋下了成为医生的种子，并激发了他寻找答案的决心。

1862 年，科赫以优异的成绩从高中毕业，并进入大学学习医学。

他勤奋努力，同时怀揣着对医学的兴趣，使得他的大学生涯非常圆满。1866 年，科赫以出色的成绩从大学毕业。

在积累了几年工作经验后，普法战争爆发。作为一名德国人，科赫决定为国家效力，自愿参军，后被派往一个小镇担任医疗官，为部队提供医疗服务。

4.2.2 救牛羊到救人

科赫在从军期间，所在的乡村区域暴发了炭疽病。首先感染的是牛羊，患病牲畜的皮肤上会长出成片的疱疹，并最终溃烂感染直至坏死。每五头牲畜中有一头会因炭疽热而死亡，这给当地的农民带来了巨大的经济损失。更可怕的是，炭疽热还会传染给农民，症状和死亡率与牲畜一致。因此，科赫全神贯注地展开了深入研究，以保障当地农民财产安全和生命安全。

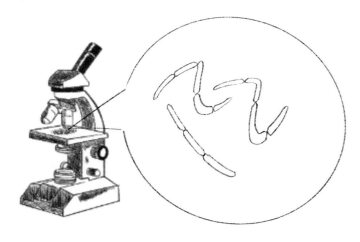

　　科赫从小就对科学研究充满热爱，甚至不惜花费积蓄购买了一台显微镜，即使在从军期间也随身携带着这台显微镜。没想到，这台显微镜在后来派上了大用场。通过反复观察患病牲畜的血液，科赫成功地在显微镜下发现了导致炭疽热的罪魁祸首：炭疽杆菌。

　　其实在 19 世纪 50 年代，法国的一位医生就已经成功分离并提取了炭疽杆菌，但没有人将这种细菌与致使人畜死亡的传染病联系起来。后来，科赫在实验中详细观察了炭疽杆菌的生命周期、繁殖方式和致病机理，并最终证明了炭疽热是由炭疽杆菌引起的，并解释了为什么炭疽热的发病过程以及为何病症持续发作仍不见好转。

　　科赫指出，在没有宿主可寄生的情况下，炭疽杆菌会主动休眠变成干燥的孢子。这种孢子可以在自然环境中存活很长时间，一旦遇到合适的宿主，就会发育成杆菌导致宿主染病。因此即使染病的牲畜已经死亡，炭疽杆菌会变成孢子进入休眠状态，等待下一个牲畜或人类接触时再次繁殖引发疾病。

　　基于炭疽杆菌的特点，科赫建议农民及时焚烧因炭疽热致死的牲畜尸体，从而有效阻止这种疾病的反复传播。随着患病牲畜数量的减少，炭疽热的传播速度得到了极大的控制。科赫的这一研究成果使他崭露头角。巴斯德只是猜测传染病与微生物有关，而科赫则是第一个证明炭疽杆菌与炭疽热有关的科学家，并揭示了单种微生物与单种疾病的确切对应关系。

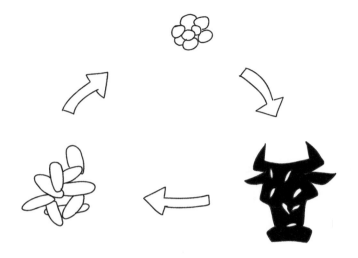

4.3 巴斯德与疫苗

科赫的研究成果传到了巴斯德耳中。这让刚经历丧子之痛准备解甲归田的巴斯德瞬间燃起了斗志。巴斯德说过一句话："科学没有国界，但科学家有自己的国家。"科赫研究明白了传染病的致病机理，巴斯德决心要从根源彻底解决传染病，超越科赫。

4.3.1 天花的启发

我们都知道，对于传染病，最有效的治疗方式是打疫苗。但我们不知道的是，疫苗的概念最早出现在我国古代。翻开任何一本古老文明的史书，都会找到关于天花的记载。公元前一千多年的古埃及，法老不幸感染天花；公元前一世纪，我国东汉年间出现了对天花的详细描述；直到 18 世纪的欧洲，天花仍然能每年夺取 40 万条鲜活的生命。

在我国明朝,聪明的"老祖宗们"研究出了有效对抗天花的方法，感染了天花的病人皮肤上会起痘，他们将病人脸上痘中的物质挤出来，通过痘衣法、旱苗法、水苗法、浆苗法等将这种物质接种在健康人的体内。这种方法让健康的人会得一次症状较轻的"弱化版"天花。只要被接种者能挺过来，那以后便不会再得天花。这种通过人起的痘防治天花的办法，被"老祖宗们"称为"人痘法"，即人痘接种术。

人痘法传入欧洲之后，很快取得了不俗的效果。唯一美中不足的是，治疗风险还是太高。哪怕是"弱化版"的天花，也有概率造成接种者死亡。英国医生爱德华·琴纳在民间调查时发现，奶牛也会得天花，而且会传染给挤奶工人。但挤奶工人感染的这种天花，症状轻到可以忽略不计。于是，在借鉴了我国的人痘疫苗之后，爱德华医生发明出了不良反应更低的牛痘疫苗。

牛痘疫苗的出现给了巴斯德很大启发，而且巴斯德想得更深，他认为只要是微生物导致的疾病都可以使用疫苗来对抗。

4.3.2　铁打的证据

为了验证疫苗的有效性，巴斯德选择了最直观且风险最大的实验方式——公开实验。1881 年，巴斯德与法国农业协会合作，在农场进行了动物疫苗接种实验。这一消息一经传出，引起了广泛关注。面对众多反对者，巴斯德开始了实验。

农业协会为巴斯德提供了几十头健康的牛羊作为实验材料。首先，巴斯德将牛羊分成两组。然后，他对其中一组注射了炭疽热疫苗，另一组则未做处理。接着，巴斯德同时向两组牛羊注射具有强致病性的炭疽杆菌，以确保牛羊一定会感染疾病。实验结果显示，注射疫苗的牛羊全部存活了下来，甚至没有出现不良反应；而未注射疫苗的牛羊在三天内全部死亡。

这一实验结果震惊了众人，公开实验的好处立刻显现出来。所有见证者都目睹了接种疫苗的牛羊活了下来。农民们没有高深的知识，也不懂细菌和发病原理。他们只知道，这个叫作疫苗的东西可以让牛羊不得病。毕竟每头牛羊都是用了很多人力、物力和财力喂养出来的，能减少一头的损失都是对农民极大的帮助。很快，巴斯德的疫苗成了法国养殖业的必备品，几年内显著降低了因炭疽热带来的经济损失。

4.4　科赫与结核病

1880 年，37 岁的科赫因其在炭疽热防治方面的杰出贡献，进入德国卫生署工作。国家资助他搭建了一个设备精良、齐全和优质的细菌研究室，并且还派了几位杰出的助手协助他的工作。这一次，他准备攻克结核病。

4.4.1　不太顺利的开始

结核病是一种具有潜在威胁的传染病。在整个中世纪的欧洲，大约有三分之一的人死于结核病。即使在 19 世纪，每七个人中仍然有一人死于这种疾病。当时，学术界普遍认为结核病是一种遗传性疾病。然而，在炭疽杆菌研究成功后，科赫坚信结核病也一定是由某种细菌引起的。为了验证这一假设，他决定像研究炭疽杆菌一样，先分离并培养出纯净的结核菌，再对其进行详细分析。

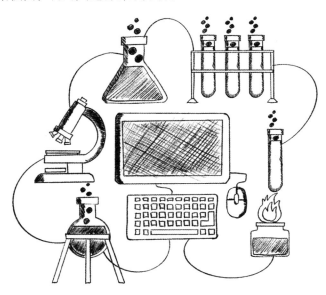

　　然而，在研究的初期，科赫遇到了第一个难题。由于结核菌与其他细菌存在差异，其表面光滑且不容易附着色素，因此难以进行染色。同样地，由于结核菌外壳光滑，同种细菌无法聚集在一起，且容易渗透到其他细菌群

体中。这使得观察和分离结核菌变得异常困难。

　　尽管如此，科赫从不畏惧困难。经过多次尝试不同的染色剂后，他终于成功找到了一种名为"亚甲蓝"的染色剂，并成功地将结核菌染色。

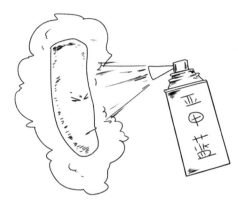

　　染色问题就这样成功解决，但科赫发现分离提纯的难度却更大。

4.4.2　灵感一现

　　一天，科赫的妻子像往常一样进入厨房做饭。无意间，她发现了一堆发霉的土豆，上面长满了大大小小的霉斑。妻子赶紧喊来了科赫，让其处理掉坏土豆，然而科赫看到后异常兴奋。因为土豆上布满了红色和白色的霉斑，且两者没有交集，一个小圆点一个小圆点独立存在。科赫将发霉的土豆放在显微镜下观察，发现红色的霉斑全部由红色球形细菌组成，而白色的霉斑则全部由白色杆状细菌组成。两者没有任何混合。这说明使用固体培养基是分离单一菌种的好办法。

　　这个想法确实不错，但是要找到适合的材料作为培养基又成了一个新的难题。土豆上的红白菌可以生存繁殖，并不意味着其他菌也能如此。过去一直使用液体培养基的原因是液体可以自由调配营养，并且能够轻松维持与人体相同且恒定的温度，以模拟人体内的环境。因此，现在科赫需要寻找一种既能调配营养物质又能保温的固体材料。

带着这个目标，科赫开始研究遇热融化、遇冷凝结的胶质材料明胶。我们今天所吃的软糖具有弹性和嚼劲，就是因为添加了一定量的可食用明胶。如果使用明胶作为培养基，就可以在加热状态下根据菌种需求配制营养液，然后冷却变成固体。然而明胶也存在一些缺点。

首先，明胶的熔点在 35~40℃，而与人体疾病有关的细菌最适宜的生存温度约为人体的体温温度，即 37℃左右。这就导致了在培养结核菌时明胶容易熔化。其次，明胶是一种蛋白质，而多数细菌能够以蛋白质为食。这就导致了在使用明胶培养细菌时，培养基会被细菌分解消耗，进而恢复成液体状态。

1881 年某日，科赫的助手沃瑟的妻子因担心丈夫工作过度劳累，准备了一盘洋菜胶（由植物熬制而成的果冻状食物）来犒劳他。当时满脑子都是培养基的沃瑟盯着洋菜胶，突然眼中闪过一丝光芒，这不就是一种"加强版"的明胶吗？想到这里，沃瑟激动不已，拿着这盘洋菜胶去找科赫。

经过研究，科赫惊喜地发现，洋菜胶非常合适。首先，虽然洋菜胶在 40℃就会凝固，但由于其分子结构特殊，加热至 95℃才会融化，可在人体温度下保持固态。其次，洋菜胶的主要成分是多糖。多数细菌不会选择食用多糖，因此可避免培养基被分解。于是，科赫将加热融化的洋菜胶加入肉汤中，待冷却凝固后用于细菌培养。后来这种富含营养物质的肉汤洋菜胶被称为琼脂。

如此，科赫创造出了世界上第一个琼脂培养基，至今仍作为主流培养基用于微生物培养。1881 年 8 月，在英国举行的第七届国际医学大会上，科赫公开了琼脂培养基的制作方法和一系列新的细菌培养方法。

4.4.3　酿成悲剧的结局

凭借好用的固体培养基，科赫迅速培养出纯净的结核菌。通过对结核菌的研究，科赫很快得出结论：结核病是由结核分枝杆菌引起的传染病，而非遗传病。结核分枝杆菌存在于病人的痰中，通过病人随地吐痰而进入空气中传播，这便是为何即使不接触病人也能感染结核病的原因。接着，科赫成功培养出了结核菌素，用于诊断结核病。这些成果对结核病的防治做出了重大贡献，挽救了无数生命。

1884 年，科赫将自己的结论总结发表，提出了著名的科赫假设："从所有实验证据中我们得出结论，结核分枝杆菌总会伴随结核病出现，是导致结核病的元凶。"

但后来，有部分注射了结核菌素的人和动物出现了强烈的反应甚至死亡。后来经过医学的发展，人们搞清楚了出现这种现象的本质——过敏反应。但在科赫的年代，人们对过敏一无所知，打了结核菌素致使人死亡，那就是科赫的问题。

一时间，科赫名声扫地。科赫的错误并非源于对结核菌素的研究本身，而是没有经过足够多的医学试验就擅自为他人接种。科赫为了弥补自己酿成的悲剧，他将所有发明专利无条件地交给了政府，不获得任何收益。

科学研究就是如此，我们不应轻视对任何科学发现的赞美，无论发现者是否为学者或科学家；我们也不应容忍任何错误，无论对方是否是某一领域的巨人。传承真理、修正错误才是正道。

4.5 巴斯德与狂犬病

由于巴斯德研制的炭疽疫苗非常优秀，为法国畜牧业减少了大量经济损失。1882 年，巴斯德成为法兰西学院院士，接着投入了下一个危险的疾病研究：狂犬病。

4.5.1 狂犬病要人命

狂犬病是一种急性传染病。顾名思义，一般由患病的动物（如狗、狼、猫等）携带，主要是狗。人或动物被患病动物咬伤或抓伤后，有可能感染狂犬病。

根据被抓咬程度、位置和伤口严重程度的不同，狂犬病会表现出不同的发病概率，也就是说被咬不一定染病，但一旦染病，几乎必死无疑。在狂犬病发病期间，患者举止癫狂、暴躁敏感，痛苦不堪又无法解脱。

　　凭借炭疽疫苗的研究经验，巴斯德坚信狂犬病是一种传染病，并且这种传染病一定是由某种微生物引起的。与科赫一样，巴斯德研究的第一步，也是分离培养出导致狂犬病的微生物。然而意外出现了，无论巴斯德如何观察培养液，都找不到任何细菌的存在。

　　虽然今天我们已经知道，导致狂犬病的病原体是一种比细菌小得多的微生物——病毒，但在巴斯德的时代，显微镜的放大倍数有限，只能看到细菌的存在，根本看不到更小的病毒，更不用说进行分离、提纯和研究了。

4.5.2　穿颅接种，干燥灭活

　　由于无法解决病原体培养的问题，巴斯德决定转向研制疫苗以治疗狂犬病。然而，要进行疫苗试验需要大量的患病动物，这成为巴斯德要面临的第二个难题。之前，巴斯德在研究炭疽热时将致病菌注射到牛羊体内，使它们迅速患病。但是，狂犬病有潜伏期，即感染后的一段时间内动物表现正常。此外，不同个体的潜伏期也存在差异。有些动物在注射病毒后十几天就发病，而有些动物则在几个月后才发病。

经过反复实验验证，巴斯德和助手们最终找到了一种稳定控制狂犬病发病期的方法：穿颅接种法，即直接将病毒注入大脑。因为经研究发现，狂犬病毒最终攻击的目标是生物的大脑。如果伤口位置离大脑较远，狂犬病毒会沿着神经向大脑移动，这段移动的行程即为潜伏期，生物无明显症状。一旦狂犬病毒到达大脑并开始攻击，生物就进入发病期。这也解释了为什么狂犬病发病时动物表现得异常疯狂。

巴斯德尝试了各种传统和创新的方法，但未能成功研制出理想的疫苗。于是，他决定从患病动物的脑髓或脊髓中提取疫苗成分。

值得一提的是，我国古代医书《肘后备急方》中已经有了类似的治疗方法"杀所咬之犬，取脑敷之，后不复发"，意思是指，人被疯狗咬伤后，杀死咬人的狗，取出其脑组织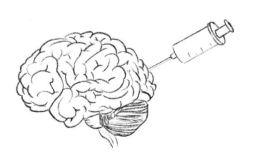敷在伤口上可以保住性命。然而，这种方法属于偏方。

巴斯德后来经过多次尝试后，他发现晾干的病狗脑髓毒性大大降低。他将干燥的病狗脊髓和脑髓研磨成粉末作为疫苗成分，注入健康动物体内，这些动物成功获得了抵抗狂犬病的能力。

4.5.3　攻克病魔

　　巴斯德在狂犬病疫苗的研究中取得了巨大的成功。然而，他并不满足于只在动物身上验证疫苗的效果，而是希望这项技术能造福人类。他深知狂犬病对人类的危害，因此不愿让任何人因实验而丧生。尽管有些狂热的粉丝自愿提出参与疫苗实验，但巴斯德始终没有答应。他决定为了科学献身，给朋友留下了遗嘱，用自己的身体进行狂犬病疫苗的实验。

　　然而，在巴斯德准备进行人体实验之前，一位妇女带着被疯狗咬伤的儿子前来求助。这位少年尚未出现任何症状，但若不及时处理，必定会死于狂犬病。这位妇女恳求巴斯德在她儿子身上试验刚刚研制的疫苗。巴斯德便召集了医术最精湛的医生们一同为这个孩子接种疫苗，以确保安全。在接下来的两周里，这个孩子共接种了13次疫苗。最终，这个孩子痊愈了，这也标志着人类首次战胜了狂犬病。这一消息迅速传遍全球，吸引了来自世界各地的狂犬病患者和医生前来向巴斯德寻求帮助。

　　狂犬病的攻克具有重大意义，这让巴斯德获得了很多人的支持，希望他能继续

攻克更多疾病。

1887 年，巴斯德在巴黎成立了巴斯德研究所。世界各地年轻的微生物学者们受到巴斯德的启发汇聚于此进行学习和研究。

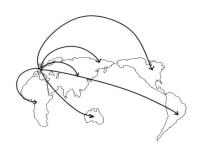

4.5.4　英雄相惜

1895 年，巴斯德逝世，法国为其举行了国葬。巴斯德在免疫学和细菌学方面的卓越贡献获得了世界范围内的高度尊重和认可。

在巴斯德去世之后，德国建立了柏林传染病研究所，科赫担任所长。该传染病研究所陆续攻克了疟疾、麻风、牛瘟、鼠疫、霍乱等一大批传染病，德国政府以科赫的名字将德国医学的最高奖项命名为"科赫奖"。

虽然科学家有自己的祖国，但科学无国界。两位科学家互相竞争也互相学习，也让微生物学在平衡发展的道路上越走越远。

第 5 章

遗 传 之 谜

龙生龙，凤生凤，老鼠的孩子会打洞。种瓜得瓜，种豆得豆。这些俗语我们耳熟能详，且深刻理解其中含义。然而你是否思考过？为什么种植瓜果会结出瓜果，而非豆类？为什么龙凤的后代与老鼠存在差异，所有生物的后代都与父母特征相似？这一切背后是什么在主导生命的繁衍？

5.1　他，推开了遗传学的大门

遗传是指祖先的基因传递给后代。无论是动物还是植物，后代通常与亲代大部分相同，但也有小部分差异。但究竟什么因素控制着生物繁衍过程中的相似与差异呢？这个问题几千年来一直困扰着人类，直到 1822 年一个婴儿的诞生。

5.1.1　生为神父

1822 年 7 月 22 日，孟德尔出生于奥地利的一个普通农民家庭。孟德尔小时候就对植物非常感兴趣，在大学时期选择了自己热爱的自然科学专业。然而毕业后，他并未继续深造，而是选择到修道院担任神职人员。

在那个时代，西方宗教鼓励生命科学研究。许多著名的生物学家，如施旺就是以神职人员的身份进行研究的。

神父的主要职责包括主持婚礼、祝福新婚夫妇和为新生儿进行洗礼等与人类繁衍相关的事物。孟德尔的收入不高，生活相对空闲。因此，他利用自己学过的植物学知识和种植经验，在院子里种植农作物。这样他的生活不仅充实起来，还积累了宝贵的科研经验。

　　在进行种植的过程中，孟德尔发现了一个奇特的现象：来自同一植株的种子被播种后，后代却展现出不同的特征。例如，圆形种子被播种后，长出的却是皱缩的种子；开白花的种子被播种后，后代开出的花既有白色也有紫色。这种由种子显现出的圆粒、皱粒、白花和紫花的特征，被孟德尔称为"性状"。随之而来的疑问是，为什么孩子身上会出现父母所没有的性状呢？这些性状是从何处获得？由谁控制？又是如何表现或隐藏的呢？

5.1.2　豌豆花的秘密

　　带着这样的疑问，孟德尔展开了实验研究。他对山柳菊、玉米等多种植物进行实验研究，但结果并不理想。由于植物繁衍后代依赖于传粉和授粉，雄蕊提供花粉，雌蕊接受花粉，才能产生种子和果实。然而，在山柳菊和玉米开花之后，花朵暴露在外界环境中，风吹过后，便会散播花粉，无法准确判断长出的种子是由哪朵花提供的花粉。

　　孟德尔最终选择了豌豆来进行自己的实验。豌豆具有一项非常独特的特性：自花传粉，闭花授粉。自花传粉是指一株豌豆的雄蕊产生的花粉必然会落在自己的雌蕊上，不会随意飞散。闭花授粉则是指在花还未开放时，授粉过程就已经在封闭的花蕾内完成了。这样能够极大地减少风或昆虫等外界因素对传粉和授粉结果的影响。

　　准备充分后，孟德尔开始了第一个实验。他通过人工去除雄蕊和手动传递花粉的方法，将一株紫花豌豆的花粉手动传递给一株白花豌豆。在这个过程中，由于紫花豌豆提供了花粉，扮演了父亲的角色，因此被称为父本。而白花豌豆作为受孕并结出种子的一方，被称为母本。二者交配的过程被称为杂交。

　　在进行第一组杂交后，白花豌豆产生了大量种子。孟德尔将这些白花豌豆和紫花豌豆的"孩子们"都种下，待它们长大之后，发现这些子代的豌豆都开紫花，没有白花出现。然后他调换了父母的角色，使用白花豌豆作为父本，紫花豌豆作为母本。结果子代的豌豆仍然全是紫花，没有白花。白花这一性状突然消失了。

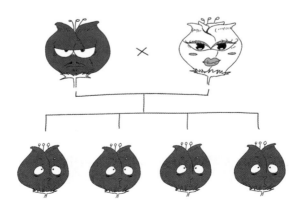

白花为什么会消失呢？

在豌豆体内存在一种因子，可以决定这株豌豆花朵的颜色，显然，紫花豌豆拥有紫花因子，白花豌豆具有白花因子。在杂交过程中，两个因子都会进入子代豌豆体内。然而，只有紫花因子发挥了作用，而白花因子却未能发挥作用。那么，白花因子为何未发挥功能呢？我们可以尝试推测其中的可能性。

第一种可能是白花因子消失了。它可能被紫花因子"消耗"，或者因为其他原因而无法存活，因此无法发挥作用。

第二种可能是白花因子仍然存在，但它比紫花因子弱小。由于无法与紫花因子竞争，因此无法发挥作用。

在孟德尔那个时代，科学界普遍认为第一种可能性是导致白花消失的原因。他们将这种控制生物性状的可遗传因子称为"基因"，并将这一现象称为基因的"表达"。他们还认为，在生物繁殖后代时，基因会发生融合，即紫花基因和白花基因在进入子代豌豆体内时，紫花基因更为强大，"吞噬"了白花基因，使其无法发挥作用，从而导致所有子代都是紫色的。

　　那么，豌豆基因花色是否确实发生了融合呢？为了验证这个问题，孟德尔进行了第二组实验。他将紫花父亲与白花母亲杂交得到的子代紫花豌豆（即子一代）进行互相交配。也就是说，将所有子一代紫花豌豆分为两组，一组称为"儿子"，另一组称为"女儿"。然后将紫花儿子的花粉一一授给紫花女儿。通过这样的交配过程，得到了子二代。将子二代的种子再次种植后，令人惊讶的事情发生了：白花豌豆再次出现了。而且，孙子辈的紫花数量与白花数量大致相等，比例为 3：1。

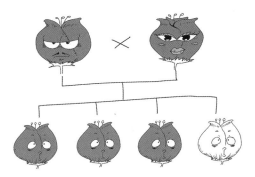

　　这一结果令孟德尔欣喜若狂。如果基因融合理论是正确的，那么在子一代都为紫花的情况下，子二代便不可能出现白花。但是现在白花不仅出现了，而且数量占据四分之一。这直接证明了基因不会融合，白花基因一直存在。

　　既然白花基因没有消失，那为什么同时含有白花基因和紫花基因的子一代豌豆全部表现为紫花呢？这就是之前提到的第二种可能：紫花基因很强，白花基因很弱。

　　当紫花基因存在时，白花基因不发挥作用。孟德尔将紫花这种强势基因称为"显性基因"，将白花这种弱势基因称为"隐性基因"。然后提出了一个非常大胆的猜想：生物的某个性状是由多个基因一起控制的。当只存在显性基因时，显性基因发挥作用。当同时存在显性和隐性基因时，显性基因发挥作用。当只有隐性基因存在时，隐性基因才会发挥作用。

比如在豌豆实验中，如果把控制紫花的显性基因用 A 代表，控制白花的隐性基因用 a 代表。那么子一代豌豆的基因是 Aa，由于显性基因 A 的存在，呈现紫色。那么按照这个猜想，能否解释子二代白花是怎样产生的呢？孟德尔顺着这个思路，又提出了一个更加大胆的猜想：

基因在遗传时，不会融合，而是分离。假设豌豆花色这一性状受一对基因控制，父本紫花豌豆为 AA，母本白花豌豆为 aa，在杂交时，父本分出一个 A，母本分出一个 a，二者结合形成了子一代豌豆的基因 Aa，因此子一代全部为紫色。而子一代的 Aa 再与 Aa 杂交，以此类推，便会生成携带 A 的精子、携带 a 的精子、携带 A 的卵子、携带 a 的卵子。这种情况下进行随机排列组合，子二代便会出现 AA、Aa、Aa、aa 四种基因类型。由于 A 是显性基因，所以 AA 和 Aa 均表现为紫花，aa 表现为白花。当子二代豌豆数量足够多的情况下，紫花数量与白花数量的比值是 3 ：1。孟德尔的这一推理结果与自己的实验结果完全吻合。

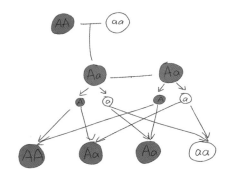

5.1.3　直面质疑

此时，孟德尔再也无法保持镇定。他意识到，自己的这一发现不仅推翻了当时整个科学界对生物遗传规则的认知，还提出了一个全新的、足以颠覆世人认知的理论。而且，这一理论若果真如此，那便是人类打开遗传学大门的金钥匙。于是，孟德尔带着自己的实验数据和基因分离理论，离开了修道院，走进了大学，走进了学术会议，向一众声名显赫的生物学家们反复阐述自己的发现和推论。

然而，迎接孟德尔的并非鲜花荣誉和赞美，而是质疑和冷水。科学家们觉得他的理论有一定道理，但很可能只是巧合，证据呢？

面对外界的诸多质疑与嘲笑，孟德尔并没有放弃，他坚信自己是对的。因此，在进行了大量的推演分析之后，孟德尔又设计了一个实验来证明自己是对的。实验是这样的：将第一个实验中子一代的、自己推测为 Aa 的紫花豌豆与 aa（白花豌豆）进行杂交。如果自己的基因分离理论是正确的，那么紫花豌豆会产生携带 A 和携带 a 的两种精子（或卵子），而白花豌豆只会产生携带 a 的精子（或卵子）。因此，得到的后代应该是 Aa 与 aa 各占一半，即紫花与白花各占一半。

怀着期待、委屈却又坚定的信念，孟德尔再次投入了研究工作，去雄、授粉、浇灌、培育，每一个步骤都做得一丝不苟，不容有任何失误。

时间如白马般奔驰，豌豆生根发芽。终于，在大家的目光注视下，满田碧绿的豌豆中，一半开出了紫花，另一半开出了白花。

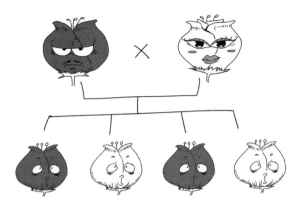

孟德尔向世界证明了基因分离定律的正确性。他揭示了人类繁衍传承的基因密码。为了进一步验证自己的理论，孟德尔选择了高茎、矮茎、圆粒、皱粒、黄子叶和绿子叶等七对不同的性状进行了反复试验。结果，所有实验结果都符合他所提出的基因分离定律。因此，孟德尔名副其实地被后世誉为遗传学之父。

5.1.4 天道酬勤

用现代的生物学知识回顾孟德尔的豌豆实验，可以发现他十分幸运。因为他的实验需要自花传粉、闭花授粉的植物才能成功出现基因分离的现象。而当时孟德尔所处的地理位置，只有豌豆这一种植物符合条件。豌豆的所有性状共受约 15 000 个基因控制，而孟德尔选择探究分离定律的七种性状，恰好是这 15 000 个基因中唯一七个只受一对基因控制的性状。换言之，如果孟德尔选择了其他植物或者研究的不是他所选的七个性状，哪怕只有一个性状选错了，基因分离定律可能要晚问世几十年。

　　然而，孟德尔并非仅仅凭借运气。他年少时勤奋学习、不断积累；数十年如一日地耐心钻研；敢于挑战权威并坚持己见；迎难而上、愈挫愈勇。天道酬勤，正是如此。

5.2　他，解开了尘封三十年的生命密码

　　科学研究非常有魅力，因为总会不经意间产生划时代的重要研究成果。然而，科学研究也是残酷无情的，因为科学只看重事实和证据。在孟德尔提出基因的分离定律和自由组合定律之后的 30 余年的时间里未引起科学界的任何关注。

　　为什么？尽管孟德尔的实验数据证明了生物遗传遵循着他发现的规律，尽管他努力引入了基因的概念，但他始终无法解释清楚基因的本质、位置以及通过何种生理活动进行分离和组合。

随着电子显微镜的出现，细胞微观结构的研究取得了巨大进展。人们发现了细胞核内部主要由一种容易被碱性染料染色的物质组成，这种物质被称为"染色质"。接着，人们还揭示了细胞分裂的具体过程，了解到在细胞分裂时染色质会高度螺旋化、缩短变粗，变成多个 X 形状的结构。这个由染色体转变而来的 X 形状结构被称为"染色体"。

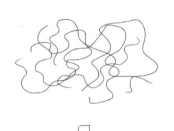

1905 年，美国生物学家威尔逊通过研究染色体，发现了决定性别的性染色体。他指出，女性拥有 XX 染色体，男性拥有 XY 染色体，而胎儿的性别则由 Y 染色体决定。这一发现打破了"能否生儿子与母亲有关"的传统观念。

1902 年，在哥伦比亚大学，一名 25 岁的年轻学生萨顿正在威尔逊的指导下攻读研究生。那时威尔逊尚未发现染色体 XY 性别决定系统，萨顿在威尔逊的指导下发现蚱蜢细胞中的染色体总是成对存在。在生殖过程中，父亲提供一半染色体，母亲提供另

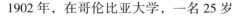

一半染色体。孩子获得父母染色体的具体类型是随机决定的。

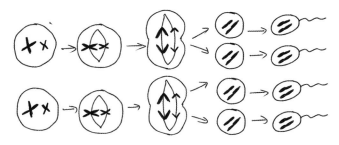

　　萨顿的这一发现属于一个普通的研究成果。然而，当萨顿看到自己论文中使用的"父母各一半""随机分配""自由组合"等词汇时，脑海里突然想到了孟德尔提出基因的分离定律和自由组合定律。

　　他发现孟德尔描述的基因和配子与自己发现的染色体非常相似。基因由父母各提供一半，染色体也是如此；基因会通过自由组合形成新的个体，染色体也是如此。基因和染色体在生物繁殖过程中的行为完全同步。那么，有没有可能基因恰好存在于染色体上呢？

　　带着这样的想法，萨顿提出了生物学史上最著名的假设之一：在所有分裂细胞中都存在的、世代相传的染色体是生物遗传的基础，孟德尔的基因就位于染色体上。

　　尽管萨顿提出的只是一个假设，但他并不在意其他人是否认同他的观点，他认为在不久的将来一定会有其他人找到证据支持他的猜想。

5.3　摩尔根

　　当萨顿提出基因位于染色体上这一观点时，遭到了许多人的反对。

其中一位坚定反对孟德尔和萨顿理论的人是摩尔根。

5.3.1 研究苍蝇的科学家

摩尔根出身于一个贵族家庭。他的家人要么从军，要么从政，要么是外交官或律师，而只有他一个人选择了生物学作为职业。摩尔根非常了解孟德尔定律，但是他对孟德尔定律的真实性持怀疑态度，因为他曾经进行过实验，结果并不符合孟德尔遗传定律的预期。因此，他认为孟德尔的理论只在豌豆上适用，不适用于所有生物。当萨顿提出基因位于染色体上这一观点时，他仍然持怀疑态度，并转而投身于自己的研究中。

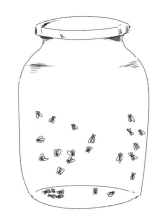

摩尔根非常喜欢用果蝇做实验。他在实验室中饲养了数以万计的果蝇，这个实验室被同事们戏称为"蝇室"。由于果蝇繁殖迅速，他能在短时间内获得大量实验样本和数据。

5.3.2 机缘巧合

1910年5月的某一天，摩尔根的妻子，同时也是他实验室的助手，在实验室内发现了一只白眼雄果蝇。正常情况下，果蝇的眼睛都是红色的，出现白眼果蝇只能通过基因突变来实现。

这只突变的白眼雄果蝇是地球上有记载的第一只白眼果蝇。摩尔根夫妇对这只果蝇非常重视，小心翼翼地保护着它。由于这只白眼果蝇是

突变体，可能存在一些遗传疾病，所
以它的身体状况一直很虚弱。

　　为了保护这份来自"命运"的礼
物，摩尔根为它准备了一个用罐子做
的豪华单间，每天都带在身边，关注
它的健康状况。最终，在摩尔根的悉
心照料下，这只白眼雄果蝇在临终前
恢复了精神，与一只正常的红眼雌果蝇完成了交配，然后结束了自己短
暂的一生。

5.3.3　其实，我是为了证明他错了

　　摩尔根的实验过程是这样的。首先，他选择了一只白眼雄果蝇作为
父本，与一只正常的红眼雌果蝇进行交配。结果显示，子一代的所有果
蝇都是红眼，这表明红眼是显性性状，而白眼是隐性性状。

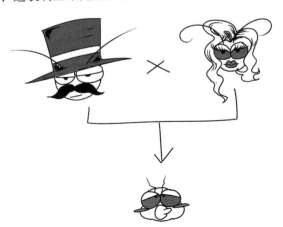

紧接着，摩尔根让子一代的红眼果蝇自由交配。考虑到夭折的情况，得到的子二代果蝇中，红眼和白眼的数量比例接近 3∶1，这与孟德尔的实验结果一致。

此时，摩尔根开始怀疑自己的实验结果。他开始思考孟德尔的遗传定律是否是正确的，自己是否犯了错误。为了验证孟德尔遗传定律，摩尔根设计了第二个实验。他让最开始的那只白眼雄果蝇与自己子一代红眼雌果蝇进行交配。结果显示，子二代中白眼雄果蝇、白眼雌果蝇、红眼雄果蝇和红眼雌果蝇的数量比例接近 1∶1∶1∶1，这与孟德尔的理论一致。这样就能证明孟德尔的理论正确了吗？答案是否定的。虽然逻辑上是自洽的，但还是存在许多限制条件，而且按照当时的技术手段也无法获得确凿证据。

摩尔根无法证明孟德尔的理论，后转而研究他公开反对的萨顿假说。他先提出了一个假设：如果基因存在于染色体上，按照他的理论流程，A 实验将导致 B 结果，C 实验将导致 D 结果。经过一系列严谨的实验操作后，他得到了 BD 两个结果。

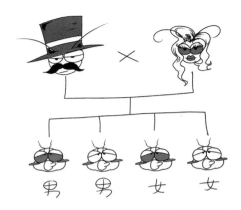

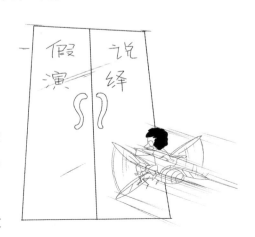

摩尔根成功地证明了自己曾经反对的那个假说是正确的。如果萨顿假说是正确的，那么孟德尔的遗传定律也应该是正确的。摩尔根借助这一成果，成为遗传学领域的领军人物。

5.3.4　假说演绎法

从孟德尔、萨顿到摩尔根，这三位生物遗传学巨匠在探究问题时所采用的方法已经超越了相对简单的"观察、记录和分析"。他们首先提出假设，然后推理出假设的合理结果，并最终设计实验来验证。如果实验结果符合预期的推理，则可以认为假设是真实的；如果不符合，则认为假设是错误的。这种方法被称为"假说演绎法"。

需要特别注意的是，通过

生物其实很有趣

实验来论证假说，即使论证成功，假说仍然只是假设，而不是事实真相。但从孟德尔到萨顿再到摩尔根，假说演绎法无疑为人类的思维提供了翅膀。

5.4　夭折的巨人

在 19 世纪末 20 世纪初，人类遗传学经历了跨越式的发展。在此之前，萨顿提出了假说，而摩尔根则证明了基因位于染色体上，遗传规律的轮廓逐渐显现。与此同时，另一批科学家开始探索遗传物质的本质。

在这个关键时刻，许多身兼生物学家、化学家和物理学家等多个角色的科学家开始了研究。他们通过一系列实验和定性分析，基本确定了染色体主要由蛋白质和核酸组成。核酸是细胞核内特有的酸性物质，根据元素组成的差异又可分为脱氧核糖核酸（简称为 DNA）和核糖核酸（简称为 RNA）。既然染色体可以携带遗传信息，那么是其中的 DNA 和 RNA 在发挥作用，还是蛋白质在发挥作用呢？

5.4.1　格里菲斯肺炎双球菌转化实验

英国细菌学家格里菲斯是一个非常严谨的人。他发现肺炎双球菌有

124

两种，一种菌落粗糙、菌体无荚膜、无毒，称为 R 型细菌；另一种菌落光滑、菌体无荚膜、有毒，称为 S 型细菌。为了证明遗传物质的存在，他进行了以下实验。

　　第一步，格里菲斯将 S 型细菌单独注射到健康的小鼠体内，结果小鼠死亡，证明 S 型细菌确实有毒。然后他将 R 型细菌单独注射到健康的小鼠体内，结果小鼠存活，证明 R 型细菌确实无毒。

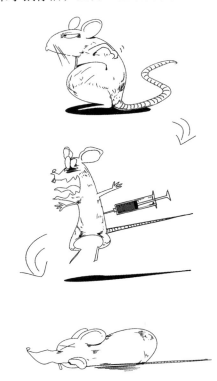

第二步，格里菲斯将 S 型细菌高温杀死，然后将灭活后的 S 型细菌单独注射到健康的小鼠体内，结果小鼠存活，证明 S 型细菌加热后无毒。

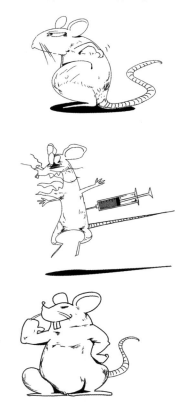

第三步，他将加热灭活的 S 型细菌与活着的 R 型细菌混合，然后一起注射到健康的小鼠体内。结果小鼠死亡，且症状与感染了 S 型细菌的死亡的小鼠相同。

这个实验结果表明，已经死了的 S 型细菌借助 R 型细菌在小鼠体内复活了，并且这种新的 S 型细菌也是有毒的。格里菲斯证明了遗传物质的存在。

　　然而，在格里菲斯准备探究这种遗传物质是什么时，意外发生了。当时正处在第二次世界大战期间，德国对英国发动了空袭。一枚炸弹正好落在了格里菲斯的实验室，这位伟大的细菌学家不幸丧生了。

5.4.2 艾弗里肺炎双球菌体内转化实验

格里菲斯的实验引起了美国分子生物学家艾弗里的高度关注和认同，尽管艾弗里与格里菲斯从未谋面。艾弗里也是一个严谨的人，在认同的基础上，他首先重复了格里菲斯的实验，只有得到相同的结果后，才继续进行下一步实验。

在第二步实验中，艾弗里想要确定是什么让 R 型细菌转化为 S 型细菌。凭借自己作为分子生物学家的优势，艾弗里运用了化学分析法进行实验。首先，他从 S 型细菌中提取了组成物质，得到了包含 DNA、蛋白质、多糖的混合提取物。然后，将这些提取物注入含有 R 型细菌的培养基中，结果发现 R 型细菌的培养基上长出了新的 S 型细菌。

接着，艾弗里取了四份提取物。在第一份中加入了一种特殊的蛋白酶，其作用是去除所有蛋白质；第二份中加入了糖酶去除所有多糖；第三份中加入了 RNA 酶去除所有 RNA；第四份中加入了 DNA 酶去除所有 DNA。然后将这四份分别缺少一种物质的提取物分别加入四种相同的 R 型细菌培养基。这样做是为了观察在缺少哪种物质的情况下，培养基上是否能够生长出新的 S 型细菌。缺失的那种物质就应该是具有遗传效应的物质。

实验结果表明，在缺少蛋白质、多糖和 RNA 的培养基上均能生长出新的 S 型细菌，只有在缺少 DNA 的培养基上没有生长出 S 型细菌。因此，艾弗里提出 DNA 是携带遗传信息的物质。

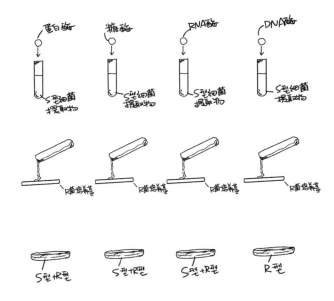

5.5 冤屈的巨人

艾弗里提出的 DNA 携带遗传信息的观点并未得到广泛认可，原因在于 20 世纪初，在格里菲斯证明转化因子即遗传物质存在后，遗传物质的定性研究进入最后阶段，需要确定染色体内行使遗传功能的物质究竟是蛋白质还是 DNA，在这一问题上，科学家们产生了分歧，其中一派认为染色体内行使遗传功能的物质为蛋白质，并逐渐占据上风。这是为什么呢？

第一个原因，已有的研究成果表明，蛋白质是生命活动的主要承担者，能够执行各种生理功能，包括遗传功能。因此，如果蛋白质是遗传物质，既符合生物学常识，也合乎逻辑推理。

第二个原因，如果蛋白质是遗传物质，那么可以解释生命的起源。它既能承担生命活动，又能确保繁衍后代。然而，如果 DNA 是遗传物质，因为核酸不具有其他功能，这意味着生命要想顺利产生和繁衍，必须同时出现一个蛋白质分子和一个 DNA 分子，它们还必须在同一个位置上出现，并且相互匹配。这种情况的概率无法通过偶然来解释。

在众多科学家为此犯难的时候，一位权威人士出现了。

5.5.1　理查德·威尔斯泰特与酶

权威通常意味着在其专业领域内具有较高的可信度和准确性，更何况他还是一位获得了科学界最高荣誉诺贝尔奖的人——理查德·威尔斯泰特。

威尔斯泰特对酶进行了研究。在当时，酶被认为是具有催化效应的蛋白质，能够有效促进化学反应的发生。然而，威尔斯泰特认为酶实际上不是蛋白质，而是核酸。于是，他运用化学手段将染色体内的蛋白质全部剔除，结果发现剩下的核酸仍然能够发生化学反应。基于此，威尔斯泰特宣布自己已经制备出了不含蛋白质的酶。

这一结果得到了科学界的深信。然而，几年后人们再次研究威尔斯泰特的实验时发现，威尔斯泰特并未能将核酸中的蛋白质完全剔除，只是当时的技术手段无法检测出残留的蛋

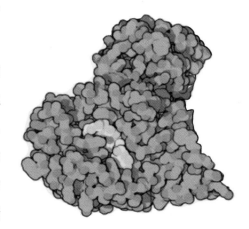

白质而已。实际上，完成化学反应催化的物质正是那残留的极少量蛋白质。

　　1944 年，艾弗里进行了肺炎双球菌转化实验，也证实了 DNA 是遗传物质。然而，这一发现引发了广泛的质疑声。原因有二：一是艾弗里的实验中也未完全剔除蛋白质等其他物质，因此他的发言并未得到科学界的认可；二是 DNA 作为遗传物质并不能解释生命的起源，科学界迟迟不愿接受艾弗里的实验结果。

5.5.2　赫尔希、蔡斯与噬菌体侵染大肠杆菌实验

　　1952 年，美国科学家赫尔希和蔡斯进行了一项实验。他们选用的实验材料是大肠杆菌，以及寄生在大肠杆菌体内的病毒——T2 噬菌体。这种病毒由蛋白质外壳和内部的 DNA 组成。当遇到大肠杆菌时，它会将自己携带的 DNA 注入大肠杆菌体内，利用大肠杆菌内的养分进行繁殖。当消耗完养分后，新的噬菌体会杀死宿主，破壳而出，寻找下一个受害者。

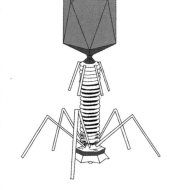

　　赫尔希和蔡斯准备了两份 T2 噬菌体，分为 A 组和 B 组。A 组使用放射性同位素硫 35 标记了蛋白质外壳，而 B 组使用磷 32 标记了内部的 DNA。然后，他们将这两份噬菌体分别浸染一份装在试管内、相同且健康的未经任何处理的大肠杆菌。

　　经过一段时间的侵染繁殖之后，他们对这些试管内的混合物进行了

搅拌离心处理。由于 T2 噬菌体在侵染过程中，较轻且清晰的蛋白质外壳会留在大肠杆菌外，因此离心后，试管内的物质可分为上层清澈的液体（简称上清液）和沉淀两部分。上清液中主要是蛋白质，沉淀中主要是大肠杆菌和新产生的噬菌体。

赫尔希和蔡斯对离心后的两组试管进行了放射性检验。结果显示，A 组（标记蛋白质外壳的试管）上清液中的放射性很高，沉淀中的放射性很低，新产生的噬菌体放射性也很低。这说明蛋白质没有进入大肠杆菌，也没有传给下一代。而 B 组（标记 DNA 的试管）上清液中的放射性很低，沉淀中的放射性很高，新产生的噬菌体的放射性也很高。这说明 DNA 进入了大肠杆菌，并传给了下一代。

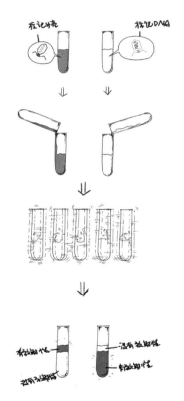

这次实验证明了，DNA 是遗传物质，蛋白质不是。这一结论终于被科学界所认可，赫尔希也因此荣获 1969 年诺贝尔生理学或医学奖。

从 1928 年格里菲斯的肺炎双球菌转化实验，到 1944 年艾弗里的实验，再到 1952 年赫尔希和蔡斯的实验，历经长达 24 年的时间，人们才逐渐相信 DNA 是遗传物质。科学的发展正是通过一代代科学家的接力传承，不断壮大。

5.6　巨人间的挑战

　　DNA 是如何行使遗传功能的呢？它通过何种方式实现遗传？染色体能够遗传的根本原因在于其可复制性。那么，DNA 是否可复制以及如何进行复制？许多世界顶尖的物理学家、化学家、生物学家和研究团队都希望能够参与其中。

5.6.1　参与选手

　　物理队选手：伦敦大学国王学院的威尔金斯和富兰克林（女科学家）。他们拥有一项独门绝技：X 射线衍射技术。

　　DNA 无法直接被看见，是因为可见光的波长要比 DNA 分子长很多，就像用一个以厘米为单位的尺子去测量一根头发丝有多细一样，肉眼无法获得准确的结果。然而，X 射线的波长比 DNA 还要短，用 X 热线照射 DNA 并使其发生弯折，就可以得到衍射图。进而，根据衍射图进行推断，以此了解 DNA 的形状。

化学队选手：鲍林，量子化学和结构生物学研究领域建树最高的教授之一，拥有极丰富的理论知识储备。

生物队选手：沃森与另一个理论物理学家克里克，他们组成了一个团队。沃森和克里克年龄都很小，思维活跃，精力、体力、脑力都处于人生中最好的阶段。

5.6.2　研究过程不一般

当时，最有希望成功的是鲍林，可是中途出现了意外，因日本广岛和长崎相继发生原子弹爆炸，他直接停止了科研工作，投身于反对核武器的事业。他认为科学应该为人类带来幸福，而核武器可能对地球和人类造成毁灭性影响。后来，他荣获了诺贝尔化学奖，并发起了科学家反对核试验的宣言，令人敬佩。

鲍林的退出使得威尔金斯和富兰克林成为优势最大的团队。1951年，富兰克林发现了 DNA 应当呈双螺旋结构，并推测出其中的磷酸基因和碱基分别位于 DNA 链的外侧和内侧，基本上已经接近正确答案。当时，富兰克林同时进行了多项研究，包括研究烟草花叶病毒的结构模型、病毒对植物的感染以及核酸遗传问题等。对她来说，DNA 的结构问题已经研究得相当深入，只需再取得一些突破即可完成。于是，她将剩余的研究交给了威尔金斯，自己则转向其他领域。

沃森、克里克团队当时提出了一个猜想：DNA 是三螺旋结构但实验进展并不顺利。克里克与富兰克林同为物理学家，私交甚好，克里克便邀请富兰克林前来讨论自己的三螺旋假设。然而，富兰克林一眼就看出了问题，并表示他们这个猜想是错误的。

5.6.3　生物队胜出

　　看似是物理队胜出了。然而，威尔金斯误以为沃森和克里克已经放弃研究。因此，他将富兰克林未发表的 X 射线衍射照片公开。如前所述，沃森和克里克的优势在于年轻。若起跑线相同，他们必定胜算最大。然而，威尔金斯却将起跑线拱手相送。X 射线衍射照片一出现，再结合其先前提出的三螺旋错误假设，仅凭这些数据和照片就足以推断出DNA 的形态了。

　　在此时，一件更为巧合的事情发生了。由于威尔金斯擅自公开了富兰克林的 X 射线衍射照片，他们两人彻底断绝了关系，富兰克林愤怒地离开了实验室。她由于需要办理烦琐的手续和工作交接，一方面缺乏时间撰写论文，另一方面她以为自己已经站在该领域的巅峰，即便自己不发表论文，也没有其他人能够做出同样的成果。然而，她低估了沃森和克里克的能力和决心。

当富兰克林正式发表论文时，才发现沃森和克里克已率先完成了论文并发表，成为解密 DNA 分子结构的第一人。生物队就这样经历起伏后最终取得胜利。

富兰克林因实验期间长期受 X 射线的照射，导致患上卵巢癌。在这三个研究 DNA 的团队中，鲍林获得了 1954 年诺贝尔化学奖、1962 年诺贝尔和平奖；沃森、克里克和威尔金斯共同获得了诺贝尔生理学或医学奖。事后，沃森、威尔金斯都承认了富兰克林对研究 DNA 作出的贡献。

第6章

生 命 的 行 为

在前面介绍细胞的内部结构时，我们了解到对于较高级生物而言，细胞组成组织，组织构成器官，器官构建系统，系统聚合成个体。随着时间的流逝，我们对微生物、细胞、细胞内部结构以及细胞核内的 DNA 分子有了越来越深入的了解。然而，对人类而言，探究生命基本单位以及对微观构造的理解，其目的归根结底是为了解释宏观生命活动的各种现象。

所谓"各种现象"并不仅仅指疾病、受伤、醉酒或饱腹等令人印象深刻的特殊情况，还包括一些一直存在但常被忽视的现象。例如，是什么让我们知道饿了要吃饭、渴了要喝水？是什么让我们时刻保持呼吸，每隔一段时间就眨眼？

一个生物体所做的一切行为，其背后究竟是什么在控制以及背后的原理是什么？下面我们将从神经二字开始讲述。

6.1　行住坐卧，皆是神经

你对神经的第一印象是什么？是经常听到的神经衰弱、神经紧绷等词汇吗？不论是什么，与神经有关的词都与大脑、精神状态以及人类行为密不可分。如果要用一句话来描述神经的作用，那么可以说：无论行走、静止、坐着还是躺着，都离不开神经。

6.1.1　什么是神经？

1543 年，法国著名解剖学家维萨里在其著作《人体的结构》中，通过解剖实践首次精确描述了人体神经系统的样子。然而，精确并不等同于准确。

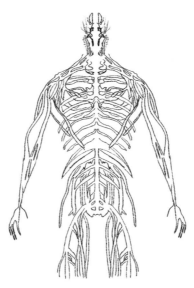

　　1637 年，法国著名数学家、哲学家同时也是生命机械论的创始人笛卡儿，发现了生物体会对外界的刺激产生固定反应。例如，当眼睛里突然进了异物时，人一定会下意识地闭眼而不是睁眼；手突然碰到火时，人一定会下意识地缩手而不是伸手。这种一个刺激对应一个反映的现象，类似于照镜子时镜子外的人对应着镜子里相同的自己。由于镜子成像的原理是光的反射，因此笛卡儿将生物受到刺激后所产生的反应也称为反射。在这一点上，神经似乎成为反射现象的载体。

　　1664 年，英国皇家学会创始成员之一托马斯·威利斯医生通过对大脑和神经的精细解剖，用神经的异常和病变来解释部分精神类疾病的原理，撰写并发表了《大脑解剖学》，书中首次使用了"神经学"一词来形容对神经系统的研究。

1786 年，意大利医生和动物学家伽尔瓦尼在解剖青蛙时发现，当他剥掉青蛙腿上的皮并使用铁质刀尖触碰蛙腿上暴露的神经时，青蛙会出现剧烈抖动甚至接触刀尖的位置还会出现电火花。基于此，伽尔瓦尼发现了生物电的存在，并为神经增添了一条注释：与电有关。

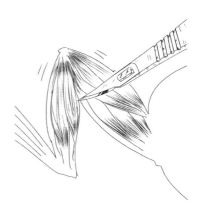

尽管众多生命科学与医学研究者对神经都有了各自的理解，但都未能准确地描述神经活动。直到 19 世纪中叶，科学界才出现了首个实质性的研究成果。

6.1.2　编剧？生理学家？

贝尔纳，1813 年出生在一个贫困工人家庭。由于生计所迫，他在年轻时不得不学习写剧本来赚钱，尽管这与研究生理学毫无关系。白天，他担任药剂师的助手；晚上，他利用业余时间创作剧本。经过一段时间的努力，他创作出一部相当成功的喜剧和一部大型舞台剧。

为了进一步发展自己的编剧事业，贝尔纳于 1834 年前往巴黎拜访一位影评人，希望能从他那里得到一些宝贵的建议。然而，这位影评人却建议他放弃写剧本，专心学习医学。贝尔纳听从了他的建议，一边打工挣钱，一边学习医学。起初，他确实不太适应这种从艺术到医学的转型，但后来，他有幸成为法兰西学院弗朗索瓦·马让迪教授的实验助手。可能是由于马让迪教授的教导有方，也可能是因为实验环境激发了贝尔纳"沉睡"的科学潜能。从那之后，贝尔纳取得了巨大的进步，并在短短两年后获得了博士学位。

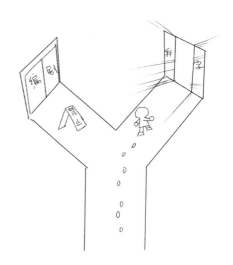

6.1.3　遍地开花

　　贝尔纳的恩师马让迪教授研究的主题正是神经学，并且对动物活体解剖实验充满热情。活体解剖实验是以动物作为实验对象，在动物活着的时候通过医学手段解剖一部分器官，并观察其生理活动的变化的一种实验方法。尽管这种做法听起来残忍，并引发了关于人道主义与科学的激烈争议，但活体解剖实验的出现确实推动了生理医学和神经学的研究。

　　1851 年，贝尔纳发现，刺激人体的某些神经可以使血管收缩，而刺激人体的另一些神经则会使血管舒张。比如，当环境炎热时，负责舒张的神经受到高温的刺激，会使血管舒张并增加血流量，导致面部呈现红色。

相反，在寒冷的环境中，负责收缩的神经会感受到低温刺激，使血管收缩并减少血流量，导致脸部血色减少变白。

这两种神经对刺激的反应直接解释了人们在热天气脸红和在寒冷天气脸白的常见现象。

过去人们只知道食物被消化吸收后转化为养分供身体使用，但具体的细节并不清楚。贝尔纳在研究消化系统时成功地发现了肝脏的作用（他从动物肝脏中分离出一种类似于淀粉的糖类物质，并指出食物在消化吸收后会变成小分子的氨基酸、葡萄糖和脂肪等营养物质。其中，葡萄糖会在肝脏中合成为类似植物淀粉的物质：糖原）。

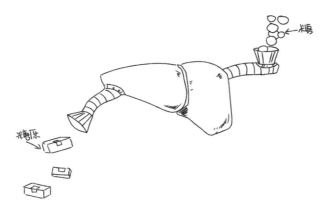

糖原类似于淀粉，可以储存能量。当身体需要能量时，糖原会被分解成葡萄糖，进而利用葡萄糖释放能量。通过多时储存糖原、少时消耗糖原的方式，可以有效保持生物体内糖的含量保持在某一水平。

这也能够解释为什么猪肝、鸡肝和鸭肝等动物肝脏吃起来有一种类似面粉的感觉，因为它们都是多糖类物质。

贝尔纳的这一发现颠覆了人们对身体的认知，揭示了生物体的消化系统不仅具有分解功能，还具有合成功能。那么，什么时候进行分解，什么时候进行合成是由谁来控制的呢？贝尔纳发现，在刺伤动物大脑中的某个区域后，会导致实验动物体内糖分失调，患上暂时性糖尿病。这表明，糖的产生受到大脑神经中枢的控制。

1855年，贝尔纳创造了"内分泌"一词，用于描述机体组织产生的物质不经过导管直接进入血液中的现象。直到今天，这一定义仍未更改。同年，马让迪教授去世，贝尔纳接替了他的职位，成为教授。

贝尔纳使用造瘘术对消化现象进行了进一步研究。他向一只狗的小肠内灌入食物，一段时间后将小肠内的物质倒出来，并发现食物的形态发生了改变。通过这个实验，贝尔纳证明了小肠是生物体主要的消化器官，而不是之前被广泛认为的胃。

此后，贝尔纳又发现并证明了血液中的红细胞内存在一种能结合氧气的物质，吸入生物体内的氧气并未被分解掉，而是与红细胞内的特殊物质结合，由血液运送至全身，这对呼吸行为做出了准确的解释。今天，这种特殊物质被称为血红蛋白。此外，贝尔纳还发现一氧化碳

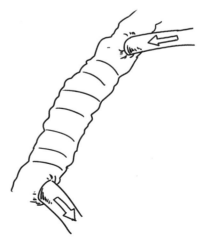

比氧气更容易与血红蛋白结合。当生物体不慎吸入一氧化碳时，一氧化
碳抢先与血红蛋白结合，导致氧气无法进入红细胞，从而造成缺氧窒息，
这就是一氧化碳中毒（煤气中毒）的原理。

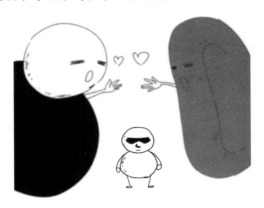

6.1.4　内环境，体内的世界

　　贝尔纳完成了血管收缩、糖原合成和一氧化碳中毒的研究，为神经
控制生理活动的研究迈出了重要的一步。然而，此时他已经接近暮年。

　　贝尔纳认为身体内有一只看不见的"大手"在控制着如温度、糖含量

和氧气浓度等指标的平衡。身体内部仿佛存在一个独立的世界，无论外界环境如何变化，身体都会始终保持相对稳定的状态。贝尔纳将这个稳定的体内世界与外界环境区分开来，称之为"内环境"。

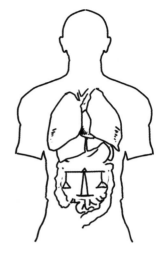

贝尔纳指出："内环境的稳定是生物生存的首要条件。所有活着的生物体都只有一个目标，那就是保持内环境的稳定。"虽然贝尔纳对内环境的认知初步且不完善，但内环境概念的提出对现代生理学发展具有重大意义。

6.2 巴甫洛夫与狗

俄国的生命科学发展十分神奇，本节让我们来了解一下巴甫洛夫的故事。

6.2.1 巴甫洛夫很喜欢看书

1849 年，巴甫洛夫出生于莫斯科附近的一个小镇。他的父亲是牧师，母亲是一位牧师的女儿。巴甫洛夫是家里的老大，从小就十分懂事，知道帮助母亲分担家务，照看弟弟妹妹。由于父亲喜欢看书，受父亲的影响，巴甫洛夫很小就已经读了很多大人都没读过的书，接受了进步的科学思想，这也为其日后的成就奠定了坚实的思想基础。

由于生在一个宗教氛围浓厚的家庭，巴甫洛夫在神学院读了好几年书。然而，当达尔文的进化论传到俄国后，巴甫洛夫大受震撼，毅然决然地放弃了神学，转身投入科学的怀抱。

6.2.2 出道即获诺贝尔奖

后来，巴甫洛夫进入圣彼得堡大学学习自然科学。这所大学卧虎藏龙，俄国著名生理学家和心理学家伊万·谢切诺夫当时是这所大学的生理学教授，大名鼎鼎的元素周期表的发现者门捷列夫当时是这所大学的化学教授。

巴甫洛夫对这两位教授的课程都不太感兴趣，大一大二的成绩都很一般。但自从在大三那年听了齐昂教授的生理学课程之后，巴甫洛夫一下就爱上了生理研究，并开始了深入学习。

他在做解剖实验的时候，一双巧手又快又准，手法精湛、操作熟练，很快就以优异的成绩毕业，并前往德国开始了他一生中最重要的研究之一：研究狗的消化。

一直以来，科学家们对于胃的研究都不是特别彻底。哪怕使用活体解剖技术，也只能将食物注入动物胃中，通过观察不同时间之后食物的形态来推测消化过程。

但巴甫洛夫和其他科学家不一样，他拥有一双巧手和丰富的手术实操经验。就像捏气球的艺人能用一个膨胀的长条气球通过打结捏出小动物的形状一样，巴甫洛夫把狗的胃当作了一个气球，使用外科手术巧妙地在胃里扎起了一个小球。这个小球由于是封口的，所以不会有食物掉进去影响观察，相当于大胃中的一个小胃。但由于小胃本身也是胃的一部分，仍然保留了神经和血管。因此在胃消化食物的时候，通过小胃能直观无干扰地看到胃都分泌了什么东西。此技术被后人以巴甫洛夫的名字命名为"巴氏小胃"技术。

"巴氏小胃"让巴甫洛夫看到了，在食物进入胃中后，胃会分泌胃液辅助消化。于是，巴甫洛夫开始好奇，引起胃液分泌的因素是进入胃的食物还是别的什么东西，为此他设计了一个精妙绝伦的实验。

首先，巴甫洛夫通过手术切断了一条狗的食道，然后将一根软管接入狗的胃中，以观察胃液的分泌。接着，巴甫洛夫饿了这只狗几天，然后再给狗喂肉吃。可怜的狗饿得不行，一见到肉就大口大口吃了起来。但由于食道被切断了，不管这条狗怎么吃，咀嚼过的肉都会顺着切断的地方漏出来，而不会到达胃里。但狗不知道自己身上发生了什么，它只知道自己很饿，要一直吃下去。几分钟后，神奇的事情发生了。明明没有任何食物进入狗的胃里，可接在胃上的软管中却流出了大量胃液。

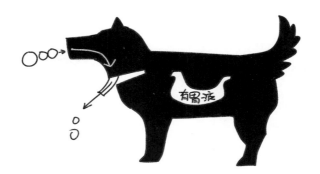

这说明了对于胃来说，促进其分泌胃液（告诉它什么时候开始消化）的指挥者并不是吃进去的食物，而是"吃"这个行为。那么嘴部的动作是通过什么方式控制胃的行为呢？

巴甫洛夫怀疑这可能跟神经有关系。于是同样还是那只狗，同样吃的食物到不了胃里。他在这只狗的脑部的一根神经上绑了一根细线。通过拉扯这根细线，他可以阻止狗的大脑通过这根神经发号施令。阻断了神经之后，他再观察时发现这次不管狗吃了多长时间再也没有胃液分泌出来。而放开神经之后胃液又会继续分泌。

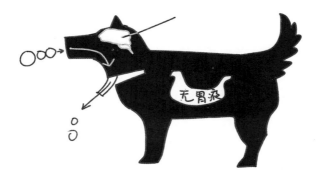

巴甫洛夫通过实验成功证明了控制胃液分泌的真正指挥者是神经中枢大脑。在此基础上，他举一反三，经过继续观察与实验之后，最终确

定了神经是消化系统的最高指挥官，神经控制着生物的消化行为。而巴甫洛夫发明的这种切断食管让狗吃了又没完全吃到食物的实验被后人称作"假饲实验"。

1897 年，巴甫洛夫的《消化腺机能讲义》出版，人们第一次对神经调节和消化生理学有了较为准确的认知。1904 年，巴甫洛夫获得了诺贝尔生理学或医学奖。

6.3 条件反射的发现

巴甫洛夫在获得诺贝尔奖之后，将研究转向了实验过程中的另一个有趣的现象。巴甫洛夫在对狗进行"假饲实验"时，尽管不让食物进入胃里的方法有很多，但他采取的是切断食管这一方法，因为狗会流口水。

如果不切断食管，分泌的唾液会随着狗的吞咽动作进入胃里，这样就导致无法区分胃里多出来的液体是刚分泌的胃液还是咽下去的唾液。

6.3.1 铃铛与唾液

巴甫洛夫的实验都是用狗作为实验对象，喂狗成了他每天都要做的事情。一开始，狗吃到食物时会分泌唾液。喂的次数多了，他一拿着食物走进屋子，狗就开始分泌唾液。最后，巴甫洛夫开门的一刹那，就看见狗满嘴口水地等着他喂食。

　　于是，巴甫洛夫开始研究唾液分泌的原理。巴甫洛夫在狗的腮部开了一个小口，将一根管子接在了唾液腺上。这样，只要狗一分泌唾液，唾液就能顺着管子流出来一部分，巴甫洛夫可以实时观察分泌行为何时开始。唾液的分泌和胃液的分泌有明显的区别，胃液需要吃进东西后四五分钟才开始分泌，但唾液是只要有食物进嘴，就会开始分泌。

　　这种现象类似于手碰到火后瞬间缩回以及异物进入眼睛后迅速闭眼，符合笛卡儿所说的"反射"特征。这种反射就像安装了非常敏感的开关一样，只要满足触发条件，无须刻意控制就会发生。这是生物与生俱来、无须学习的反射。巴甫洛夫称之为"非条件反射"。

　　然而，为什么狗在还没被喂食甚至巴甫洛夫没进门的时候也会分泌唾液呢？是因为狗的嗅觉敏锐，提前闻到了食物的味道还是有其他因素呢？于是，巴甫洛夫又进行了一个实验。他分别试验了声音、光等多种与食物无关的因素与唾液分泌的关系。其中，流传最广的是"铃铛与狗"的实验。

　　巴甫洛夫先是拿出一个铃铛，对着狗摇动，结果狗只是好奇地看着他，并没有分泌唾液。然后巴甫洛夫每天按时喂狗吃饭，但在喂食的时候会在狗的耳边摇响铃铛，而且每次吃饭的时候都会摇铃。某一天，巴甫洛夫没带食物，只带着铃铛来到这只狗的面前，当他摇响铃铛时，结果狗立刻开始疯狂分泌唾液，就像它已经吃到了饭一样。

最初，铃铛声音并不能引起狗分泌唾液，但后来居然可以达到与食物一样的反射效果。这是怎么回事呢？巴甫洛夫认为，这是因为每次吃饭的时候，狗都能听到铃声。经过多次训练之后，狗逐渐将铃声与食物联系在一起，认为只要一响铃就代表要吃饭了，所以即使饭没有出现，狗的唾液腺也提前做好了准备，对铃声做出了反应，分泌出了唾液。

很明显，听到铃声就分泌唾液，这就是一种反射。但这种反射不是狗与生俱来的，而是经过一段时间的训练后学来的。巴甫洛夫将这种后天学习得来的反射称为"条件反射"。

6.3.2 条件反射

尽管条件反射的概念和原理尚未完全解释清楚，但人们早已意识到了条件反射的存在。望梅止渴的故事便是条件反射的典型例证，实际上，酸这个字本身并不会刺激唾液的分泌，但酸味可以刺激唾液分泌，这是一种非条件反射。因此，在不断食用酸味食物的过程中，人们逐渐将酸的概念与唾液分泌联系在一起，这就解释了为什么士兵们在口渴时听说前方有

一片梅子林时会瞬间想起梅子的酸味，从而触发条件反射、分泌唾液缓解口渴的现象。

6.3.3 传奇

使用"传奇"来形容巴甫洛夫一点也不夸张，他研究的每一个课题都获得了巨大的成就，生物学家们都以他为标杆。1935 年，全世界各国参加圣彼得堡国际生理学大会的 1 500 名代表称他为"全世界生物学元老"。

6.4 分泌活动都受神经系统的控制吗

巴甫洛夫坚信人体内的所有分泌活动都受神经系统的控制。然而，巴甫洛夫真的没有任何错误吗？除了神经调节之外，身体内是否还有其他调节方式呢？第一个问题的答案显然是否定的。然而，戏剧性的是，第一个发现巴甫洛夫错误的人恰恰是他自己的学生。

6.4.1 不识庐山真面目

1894 年，也就是巴甫洛夫使用"假饲法"研究胃的消化功能时，他的一名学生道林斯基发现了一些异常的现象。

道林斯基在一次实验中发现，将狗的十二指肠中的神经全部剔除干净，然后注入与胃酸浓度相当的盐酸，会引起胰液的大量分泌。巴甫洛夫已经证明了分泌活动受神经控制，甚至他的学生们还找到了几个疑似可以控制胰液分泌的神经。他们推测胰液分泌的原因是胃酸刺激十二指肠神经，神经将兴奋传递给胰腺，使胰腺分泌胰液。但是，十二指肠的神经已经全部都被剔除，是没有能力通过神经将盐酸的刺激传递出去的。那么，为什么胰腺会分泌胰液呢？胰腺又是受到谁的刺激才分泌的呢？

道林斯基第一时间将自己的发现和疑惑告诉了巴甫洛夫。他觉得，也许除了神经调节之外，生物体内还存在着另一种不需要神经也能控制分泌的调节形式。针对这一反常现象，巴甫洛夫并没太当回事，因为他坚信神经调节是唯一的控制系统。他认为，道林斯基发现这种现象的原因是，他没把十二指肠上的神经全部剔除干净，引起胰液分泌是残留的少许神经的作用。道林斯基相信自己的老师，因此没有继续深入研究。

本以为这件事会就此被遗忘掉。结果两年后，巴甫洛夫的另一位学生帕皮尔斯基又对胰腺的问题提出了新的质疑。他将已经发现的几个能直接控制胰腺分泌胰液的神经全部切断，相当于将胰腺与神经中枢的一切联系都切断了。结果，在这种前提下，他与师兄道林斯基做实验时，向十二指肠注入盐酸后发现胰液有分泌。

帕皮尔斯基感到很困惑，接着他又怀疑，这个神经是不是不在胰腺上呢？比如，十二指肠这个位置除了连接胰腺管，还连接着胃的幽门（胃部下方）。这个神经是不是在幽门上呢？又比如，哺乳动物肚脐的位置是整个腹部脏器神经分布最密集的地方，神经网络彼此穿插，像太阳散发光芒一样，因此也被称作太阳神经丛。这个神经是不是在太阳神经丛中呢？

于是，帕皮尔斯基又切除了狗胃部的幽门和太阳神经丛，甚至直接把狗的脊髓给毁掉了。然后将盐酸注入狗的十二指肠中，仍然能促进胰液分泌。这下，帕皮尔斯基彻底糊涂了，但他仍不愿意相信自己的老师错了，甚至开始认为，单独一个神经细胞也可以实现胰液分泌的反射现象。

生物其实很有趣

6.4.2　只缘身在此山中

1901 年，法国学者沃泰默听说了这件事后，也做了实验进行探究。他将稀盐酸注入狗的小肠上段，发现会引起胰液的分泌。他将稀盐酸注入狗的血液中，则不会引起胰液分泌。他将这段小肠上连接的所有神经都剃除，只剩下了血管，然后再注入稀盐酸，结果还能引起胰液的分泌。

虽然实验手法和得出的结论大致相同，但沃泰默的实验和道林斯基的实验显著不同的地方在于，他单独向狗的血液中注射了一次盐酸。血管内的血液中是不可能存在神经的，向血液中注射盐酸就是为了说明，当盐酸无法刺激到任何神经时，便不会使胰腺分泌胰液。于是沃泰默也将原因归于自己没把小肠上细小的神经剔除干净，并声称这是一种"顽固"的反射。

1902 年 1 月，英国的两位科学家斯他林和贝利斯在研究小肠的局部运动时看到了沃泰默发表的论文，并对他提到的"顽固"反射非常感兴趣。于是，他们重复了沃泰默的实验，也得到了相同的结果。但与沃泰默不同的是，斯他林和贝利斯是研究血液和血压的，根本就没研究过消化和分泌。

他们认为，这是一种新的现象，小肠受刺激导致胰液分泌与神经没有一点关系，是一种不需要神经的"化学反射"。他们觉得，小肠黏膜在与盐酸接触后，会产生一种新的化学物质。这种化学物质进入血液，被运到胰腺之后，能促使胰腺分泌胰液。紧接着，斯他林和贝利斯便开始设计实验进行证明。

要证明"化学反射"的存在，需要两个条件：第一，把盐酸刺激小肠黏膜后生成的化学物质找出来；第二，不让这份提取液接触到任何神经。于是，两位科学家将一只狗的小肠剪下来一段，用剪刀把小肠黏膜刮下来，然后加入稀盐酸磨碎并制成提取液。

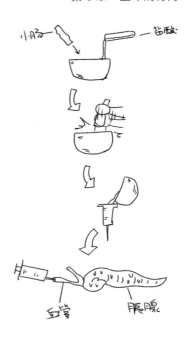

他们将提取液注射到切掉小肠的那只狗的静脉中，结果发现，这一行为促进了胰液的分泌。这证明了他们的想法是正确的，是这种新产生的化学物质在促进胰液分泌，而不是神经。这种化学物质被他们称为"促胰液素"。

6.4.3 深刻的教训

发现了促胰液素之后，斯他林和贝利斯意识到，这不仅仅是一种新的化学物质。1905 年，他们将类似促胰液素的化学物质统称为"激素"。他们的发现，开创了激素调节这一全新的调节方式。

对激素的研究标志着内分泌学的诞生。从那时起，科学界涌现出一股寻找、研究和应用新激素的热潮。激素在疾病治疗和农业生产中发挥了巨大的作用。至今，都有激素相继被发现。

巴甫洛夫、帕皮尔斯基、道林斯基和沃泰默

都曾距离真理更近，但是，科学就是这样，经过多次实验和坚持，方能准确。

6.5 神经的基本结构

神经调节和反射可以合理地解释生物机体诸多行为与反应产生的原因，但对于神经本身，人们并不清楚它的结构与传递兴奋的准确过程。因此，在以巴甫洛夫为首的生理学家们研究神经调节的同时，另一批神经学家们开始了对神经基本结构的探究。

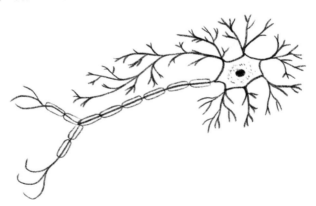

6.5.1 卡哈尔

西班牙科学家卡哈尔小时候比较顽皮，不爱学习。但是，小卡哈尔非常喜欢画画，并且天赋极高。他的父亲（解剖学家）面对这样一个孩子，每天都有生不完的气。

卡哈尔16岁那年，他的父亲实在不知道该送他去学什么了，于是

在自己解剖尸体时，顺便将卡哈尔带在身边，结果卡哈尔第一时间就喜欢上了解剖学。当然，不是因为对生理构造和生理功能感兴趣，而是这能满足他画画（绘制各种解剖图像）的愿望。

而后，卡哈尔进入了他父亲执教的大学内学习并顺利毕业。毕业后他成了一名军医，并随军前往古巴。但在古巴，他染上了疟疾和肺结核，不得不回国。也正是这个时候，他开始了自己的研究生涯。

6.5.2　神经染色法的启发

1877 年，卡哈尔用自己当兵时攒下的钱买了一台显微镜，开始了自己的研究。起初，他一有空便会解剖动物大脑，制作切片，观察脑神经并画下来。因为神经和大脑的其他组织、毛细血管长在一起，显微镜下看到的画面就像一堆颜色相近的毛线缠在了一起，很难将神经单独区分出来。

然而，当时卡哈尔并不知道的是，这一难题其实早在1873 年就已经被意大利著名神经组织学家和神经解剖学家卡米洛·高尔基解决了。高尔基发现，在重铬酸钾和硝酸银溶液中，铬酸银只在一小部分神经元中沉淀，被染成深色。

可惜的是，卡哈尔对这一

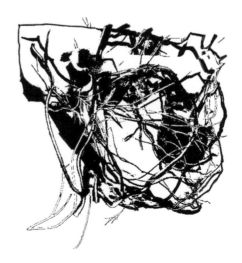

发现一无所知。其一,高尔基公布铬酸银染色法的时候,卡哈尔正在古巴当军医;其二,高尔基的染色法只能让 1%～5% 的神经染上色,知道的人较少。

1887 年,卡哈尔移居马德里,对病理学和组织学进行更深层次的学习。在那里,他结识了一位杰出的精神病学专家路易斯·拉卡夫拉。拉卡夫拉对神经组织学特别感兴趣,也想知道患有精神疾病的人是否除了心理因素外还会有脑神经出问题导致的生理因素。因此,拉卡夫拉一直都在留意各种关于神经组织的研究成果,其中就包括了高尔基的神经染色法。

拉卡夫拉热情地邀请卡哈尔去自己的实验室做客,并向他展示了一块使用高尔基染色法染色的神经组织标本。卡哈尔在见到这个标本的第一眼就被深深震撼到了。以至于多年后,卡哈尔在自传中回忆起当时的情境,仍然觉得:"这种标本只要看一眼就能记一辈子。神经细胞呈现黑褐色,连最细微的分支都是这种颜色,在透明的黄色背景中显得极为清晰。"这块小小的标本成为卡哈尔学术生涯的重要转折点。

6.5.3　画画最好的神经学家

在卡哈尔眼中,高尔基的染色法是一项宝贵的技术。因为大脑中的神经太多了,如果所有神经都被染上颜色,那么在显微镜下只能看到一堆纠缠在一起的线。而使用高尔基染色法,尽管只能给一小部分神经染上颜色,却能让卡哈尔观察到一小段神经的完整结构。当时,卡哈尔原本只是想单纯地绘制一本神经组织图册。然而,高尔基染色法的出现让他开始想尝试深入研究更细小的神经单位。

1871 年，德国解剖学家约瑟夫·冯·格拉赫对神经系统进行了定义，将神经系统描述为"由细胞分支组成的网络"。也就是说，神经是由神经细胞的各种分支通过互相连接形成的一张大网，像蛛网一样是一个整体，牵一发而动全身。高尔基也是网状结构论的坚定支持者。

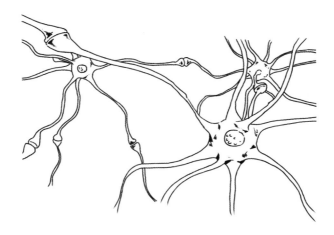

但卡哈尔提出了不同的观点，他清晰地观察到两个神经细胞在神经末梢处并没有连接在一起，而是有明显的分界处。因此，他认为细胞学说指出了生物的基本单位是细胞，神经也不例外。接着，在观察胚胎的发育过程中，卡哈尔发现神经纤维其实是先从神经细胞中长出来的，然后才会与其他神经纤维进行连接。这一发现进一步佐证了神经是由细胞组成的观点。

后来，卡哈尔又通过实验发现，神经冲动在神经纤维上的传导是单向的。如果神经系统是一个大网，那么神经冲动的传导就应该是从一个点扩散到四面八方，即刺激 A 点能传到 B 点，刺激 B 点也能传到 A 点，具有方向性。但事实显然不是如此。因此，卡哈尔更加坚定了自己的观点：神经是由独立细胞构成的，而神经细胞与神经细胞之间的空隙应该就是神经传导单向性的原因。

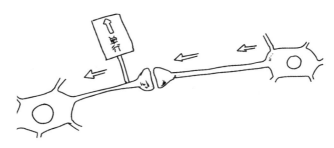

由于当时尚未掌握显微摄影技术，卡哈尔无法将自己的观察转化为照片，唯一可行的方法就是将其画下来。这时，卡哈尔的绘画才能得到了充分展现，作品不仅画得精确，而且画得很生动。他的神经结构图仿佛具有生命，展现了各项生理活动。

6.5.4 神经元学说的诞生

卡哈尔意识到了自己发现的重要性，并希望向科学界介绍自己的理论。然而，身为西班牙人的他面临着语言障碍，他省吃俭用，找人将自己的论文翻译成德文并在国际学术会议上发表。同时，他将自己的画和图编成杂志，寄给世界各地的解剖学家和神经学家。他的努力取得了显著成效，越来越多的学者支持他的理论，其中一位支持者瓦尔代尔甚至为神经细胞专门起了个名字"神经元"，表示它们是神经系统的生理单元。于是，神经元学说应运而生，卡哈尔也被誉为该学说的奠基人。

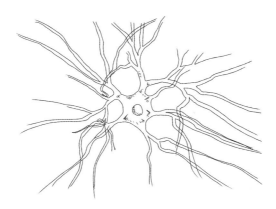

随着赞美和认可卡哈尔的声音越来越多，一些支持神经网络理论的学者试图找到神经元学说的漏洞。甚至有些反对者在无言以对之后开始怀疑这些图和画是经过艺术加工的产物，而非事实真相。尽管如此，许多学者还是放弃了神经网络理论，转而支持神经元学说。

1906 年，诺贝尔奖评审委员会决定将生理学或医学奖授予高尔基和卡哈尔。

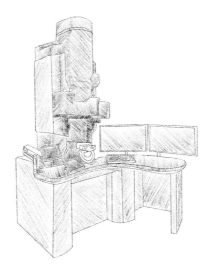

在电子显微镜问世后，人们通过观察电镜照片，才彻底证明了神经元学说的正确性，为两派的争论画上了句号。同时，人们也终于发现了卡哈尔手绘的结构图到底有多惊艳：准确如照片，生动如活物。然而，这一切高尔基都无法看到了。

那么，卡哈尔为什么会成功呢？或许我们可以从他给年轻科学家们提的六条忠告中找到答案：

（1）获得胜利的唯一途径就是提前做好准备。

（2）不要迷信"聪明"，勤能补拙。

（3）要尊重权威，但不能盲目崇拜。

（4）劳逸结合，张弛有度。

（5）不要过分担心研究有没有用，好的研究总会有用。

（6）对待失败的态度只有简单四个字：继续尝试。

6.6 内环境稳态的奠基者

前面我们提到，贝尔纳提出了内环境的概念，指出内环境总会保持稳定状态。然而，他对于如何保持稳定的具体机制并不清楚。随着消化学、解剖学、内分泌学和神经系统的发展，人们对身体内部的各种现象与反应有了更深入的认识。因此，总结内环境的知识变得至关重要。

沃尔特·布拉德福德·坎农是美国生理学家，哈佛医学院生理学系教授兼系主任，是少数研究消化、激素和神经系统并做出重大贡献的科学家之一，被誉为美国20世纪最伟大的生理学家之一。

6.6.1 患者的福气

X 射线被发明并应用于医学后，许多隐藏在皮肉之下的疾病得以被发现和诊断出来。X 射线可以根据物质的密度在 X 光片上呈现不同的阴影，这一特点使 X 光特别适合于诊断和骨骼相关的疾病。通过 X 光片可以观察骨折的情况，如果患者骨折，断裂的部分会在 X 光片上呈现出黑纹。而骨质疏松、密度不足，则会在 X 光片上呈现出灰蒙蒙的颜色。

但是，X 光无法检测与消化道或消化器官有关的疾病，尤其是腹部器官。因为腹部器官数量众多，即使出现溃疡或肿瘤，对整块肉的密度影响也很小，无法在 X 光片上显示细微差别。

为了解决这个问题，坎农发明了钡餐造影技术。钡餐是一种口服药物，主要成分为硫酸钡。硫酸钡是一种不溶于水、不溶于脂质且不会被胃肠道黏膜吸收的无毒化合物。硫酸钡受到 X 光照射后会发生光电效应，辐射出的 X 射线会在 X 光片上呈现出灰雾。借助这种色差，医生能够轻松地判断消化道和消化器官中是否存在病变。因此，这种人工制造灰雾的技术被称为造影技术。通过钡餐造影术，医生可以对消化道和消化器官中的溃疡或肿瘤进行准确诊断。直到今天，这项技术仍然被广泛应用。

6.6.2 战斗或逃跑

1915 年，坎农对肾上腺素进行了研究，他指出当身体遭受外伤、失

血等严重伤害时，肾上腺素会分泌到血液中。同样地，当人产生恐惧、愤怒等极端情绪时，肾上腺素也会分泌到血液中。肾上腺素在各个身体器官中发挥着多种重要作用，这些作用都是为了在身体出现某些极端情况时保证身体内的正常运转。坎农将这些极端情况称为“战斗或逃跑”。

例如，当人受伤失血后，身体会分泌肾上腺素来收缩血管，以最大程度减少失血过多造成的伤害。同时，它还会促进肝糖原分解成葡萄糖，补充因流血而丧失的血糖。当一个人愤怒时，肾上腺素的分泌会使心跳加快、血压升高，让人感觉像是怒火攻心。而当人感到恐惧时，肾上腺素的分泌也会引起心跳加快，使人感觉像是“吓得心脏要跳出来”。

有趣的是，从生理变化的角度来看，无论是战斗还是逃跑状态，都会分泌肾上腺素。不同的情绪，如气恼和恐惧在

生理上并没有太大区别。

6.6.3　稳态的解释

1926 年，通过对肾上腺素的研究，坎农正式提出了内环境稳态的概念，并提出了四个命题来解释稳态的基本特征。

（1）开放系统中的稳定状态需要机制来维持，就像我们的身体一样。这是坎农基于对身体内葡萄糖浓度、体温和酸碱平衡等稳态观察指标研究后得出的结论。

（2）产生稳态的前提条件是，任何改变的趋势都会遇到阻止其改变的因素。例如，当人体内缺水时，细胞外液的浓度会变高，人就会感到口渴而去喝水，从而使细胞外液的浓度恢复原来的水平。

（3）稳态是由多个调节系统同时或按先后顺序互相协作来保持的。比如当体内血糖浓度过高时，胰岛 B 细胞会在神经系统的支配下分泌胰岛素，从而使血糖浓度降低。这正是神经调节与体液调节协作的成果。

（4）体内的平衡不是偶然发生的，而是有组织的自治的结果。

现在，我们终于找到了答案：身体的一切变化和反应都是为了内环境保持稳态。只要内环境保持动态平衡，即使外界环境发生变化，生物也能健康地生存于世。

6.6.4　中国人民的朋友

1921 年，美国洛克菲勒基金会在北京创办协和医院，吸引了大批留学生来到中国工作，坎农正是在这样的契机下来到中国。1935 年末，坎农带着家人定居北京。他毫无保留地将自己的专业知识传授给协和医院的医生和学者们，开设了许多课程，做示范实验，为中国的生理学医学研究提供了巨大的帮助。

　　1937 年全民族抗战爆发后，坎农全身心地投入工作中，并曾写信给美国的基金会申请对中国提供医疗物资支援。

他呼吁医学界知名人士参与重建中国的医学院。1941 年，坎农决定提名自己的中国学生林可胜为美国科学院外籍名誉院士。林可胜于 1942 年当选为美国国家科学院外籍院士。

6.7　人与动物的区别

　　为什么动物种类繁多，而人是唯一的呢？人与动物的本质区别在哪里呢？

6.7.1　人独一无二的特点

古希腊哲学家亚里士多德首次提出灵魂论，以解释人与动物的区别。他认为，人之所以为人，是因为动物只有两个灵魂：一个用于运动，一个用于获取食物。而人额外拥有思考的灵魂，这导致人和动物天生不同。然而，随着科学的发展，人类对动物和自身的了解越来越深入。传统意义上的灵魂已被证明不存在。那么，人与动物到底有什么本质区别呢？是否有独一无二的特点？

有人认为人类会使用火，其他动物面对火时都会远离，只有人克服了对火的恐惧并会制造、使用火。然而，动物也可以克服对火的恐惧，例如家中养的鸡、鸭、鹅、狗、猫等都不会害怕火，甚至还会烤火取暖。所以这个说法不成立。

还有人认为人类会使用工具，凭借武器和工具，人可以打败任何比自己更强壮的动物。然而，自然界中也有很多动物懂得使用工具。比如啄木鸟在啄开树干后，会使用细树枝将隐藏很深的虫子掏出来。一旦啄木鸟碰到适合使用的树枝，它还会随身携带。

那会不会是人类的生理结构独特呢？然而，解剖学和生理学表明，

人和动物的构造没有本质上的不同。人拥
有神经、体液和免疫的调节能力，动物也
都有。此外，这些领域的研究成果也都是
通过解剖动物才发现的。

直到 20 世纪，美国的语言学家尼
姆·乔姆斯基提出了观点：语言是人类特
有的高级功能。

6.7.2　尼姆的故事

乔姆斯基认为，语言是人类特有的交流工具，动物只能表达出简单
的情绪，而无法准确表达它们的开心程度。没有语法，动物无法通过不
同的组合表达出不同的意思。

然而，乔姆斯基的观点遭到了一些人的质疑。这些人认为，如果动
物从小生活在充满语言的环境里，并接受像人类孩子一样的教育，那么
它们也有可能学会使用语言。为了证明这个观点，哥伦比亚大学心理学

家赫伯·塔瑞斯用一只黑猩猩做了一个实验。这只黑猩猩被认为是最接近人类的动物之一，因为它的 DNA 与人类的相似程度高达 98.7%。

　　塔瑞斯把这只名叫尼姆的黑猩猩带到美国俄克拉何马州的灵长动物研究中心，准备让它在人类家庭中长大，并学会人类的语言和语法。尼姆的第一位人类妈妈是塔瑞斯的女学生斯蒂芬妮·拉法格，她把尼姆当成一个婴儿来抚养，给它穿上衣服，和它一起吃饭、睡觉，教它手语。

　　随着时间的推移，尼姆学会了一些简单的单词手势，比如"玩""吃""抱"。然而，随着它长大，尼姆变得越来越暴躁，开始无缘无故地发脾气、乱扔东西、随地大小便，甚至咬人。这让塔瑞斯担心自己的学生会受到伤害，于是把尼姆换到了自己的另一名学生劳拉·安妮的家中。

　　尼姆在劳拉家中继续学习手语，并逐渐学会了更多的单词。它很快就成了一位名人，上了杂志、电视，引起了社会的关注。然而，成名并没有改变尼姆的暴躁脾气。它的依赖感越来越严重，只要有人对它产生一点点忽视，它就会发脾气并攻击人。

　　更可怕的是，尼姆还学会了嫉妒，甚至在袭击了第二位人类母亲劳拉后被关停实验。最后，尼姆被送到一家动物避难所度过余生。据工作人员回忆，尼姆到死都对自己的同类没有一点兴趣，但在自己之前的亲人前来看望时会变得异常激动。野生黑猩猩的寿命通常能达到 60 岁，而尼姆在 26 岁那年因心脏病去世。

6.7.3 语言与大脑的联系

尽管尼姆的实验被迫中断，但已经取得了足够的证据。尼姆能够用手语表达对应的单词，但无法正确应用它们。例如，当尼姆想吃东西时，它会指一下香蕉并做出吃的动作。从交流的角度来看，能判断出它想吃香蕉。但从语言的角度来看，对于尼姆来说，"我吃香蕉"、"香蕉我吃"、"香蕉吃我"和"我吃香蕉"这四个动作并没有区别。然而，对于人类来说，无论是哪种语言，这四个句子的意思完全不同。尼姆并没有语法的概念，最终也没有掌握语言能力。

那么，问题出在哪里呢？语言学家乔姆斯基推测，语言是人类特殊生理结构决定的，要么是大脑中有一个专门的区域来管理语言，要么基因中有特殊的一段基因决定了人类拥有语言能力。可能乔姆斯基并不知道，他的猜测在生物学界已经被证实了很久。

1861 年，法国解剖学家布罗卡遇到了一位特殊的患者。这位患者能理解别人说话，也能说出一些单词，但无法清晰地说出任何一个词。在这位患者去世后，布罗卡进行了尸检，结果发现这位患者的大脑左额叶发生了病变。

后面，他又遇到了一位患者，这位患者 84 岁，是一名地勤工人，也失去了说话的能力，只能准确地说出五个简单而有意义的词——他自己的名字、"是"、"不"、"总是"和数字"三"。在这位患者去世后，布罗卡通过尸检发现该患者的大脑中与第一位患者发生病变的区域相同。因此，他得出结论：大脑中存在一个特定的区域控制着一个人的语言能力，当这个区域受到影响时，这个人就可能会失去交流能力。

在接下来的两年里，布罗卡找到了另外 12 个类似的案例来支持他的观点。通过这些案例，他成功证明了语言是由人脑的固定区域所控制的。后来，这种疾病被称为"布罗卡失语症"，大脑左额叶控制语言的区域也被称为"布罗卡区"。

虽然布罗卡区的发现证明了语言功能受人脑控制，但在此之前，人们并没有找到失语症病人和对应的区域。因此，对于乔姆斯基所说的语言是人脑特有的高级功能这一观点还没有定论，仍在研究中。然而，布罗卡区的发现使大多数生物学家倾向于支持乔姆斯基的观点。

6.8 动物实验

生物学和生理学取得的成就归功于科学家们的钻研和实验对象。早在古代，人们在进行医学或解剖学实验时就已经开始使用动植物作为实验对象了。古罗马时期的医学家盖伦通过解剖猕猴来研究生理结构，并将其发现与人体结构进行类比；比利时解剖学家维萨里解剖死尸以修正人体构造，显微镜出现后将其用于观察青蛙、羊、鸡胚胎等生物学结构。

从 19 世纪开始，解剖学家们发明了活体解剖技术。这项技术保证了动物在活着的情况下进行实验。要研究器官和腺体的作用，研究人员会摘除或毁坏相应的器官和腺体，并与正常动物进行对比，判断其功能；要研究单个器官或腺体的工作原理，研究人员会在其中连接管子或隔离部分器官，并主动刺激器官工作，通过观察分泌物和食物的变化来判断其工作原理；要研究神经对组织的控制，研究人员会人工阻断或移除对应神经，通过观察组织的前后反应来确定其控制关系。

在化学和制药学高速发展的今天，检验药品和疫苗、研究病原体对身体的影响也离不开动物实验。动物活体解剖技术的发展使得生理学、解剖学、内分泌学和神经学取得了突飞猛进的发展，为医学诊断和治疗做出了巨大贡献。

然而，19 世纪正值第二次工业革命时期，野生动物数量锐减，部分物种甚至灭绝。唤醒了人们对动物保护的意识，全世界陆续成立了动物保护组织。这些组织致力于保护现存的野生动物以及防止动物被虐待。

动物保护组织表示，无论是对动物进行活体解剖还是进行药物实验，都会给动物带来巨大的痛苦。科学家应当具有人道主义精神，不应肆意残害动物，因为动物的生命也是宝贵的。后来，每当科学家将自己的解剖成果出版并向大众传播时，都会遭到批评和谴责。

在德国，动物保护组织将解剖过程画成漫画并发表在杂志上；在英国，"反动物虐待法案"明确规定在使用活体动物进行实验之前必须获得政府的允许，并在实验结束后确保动物没有痛苦地死去。否则，实验将被叫停。

这些法案的出现旨在解决科学研究与人道主义之间的矛盾，但效果有限。直到今天，这个矛盾仍未完全解决。但我们不必过于悲观，科学诞生至今只有几百年的历史，以这样的速度发展下去，终有一天这个矛盾会被解决。我相信这一天并不遥远。

第 7 章

"我们" 从何而来

通过对遗传现象和遗传物质的研究，人类明白了为什么龙生龙，凤生凤，老鼠的孩子会打洞。孟德尔的遗传定律和沃森、克里克的 DNA 结构揭示了生物遗传机制。这使得人们能够解释高茎豌豆种子为何会长出矮茎豌豆。

然而，这些定律仅能解释稳定因素下的遗传现象，即减数分裂和受精作用带来的性状变化。对于小概率且突然发生的性状改变，则只能通过基因突变进行解释。基因是具有遗传效应的 DNA 片段（绝大多数生物），而 DNA 则是双螺旋结构的生物大分子。若出现某种外界因素导致 DNA 分子缺失或异常增多，对应的基因可能会发生变化，从而影响其控制的性状，发生基因突变。这就是基因突变。

例如摩尔根实验中出现的白眼雄果蝇，正是基因突变的产物。这个突变直接推动了人类对遗传物质的认识向前迈进了一大步。然而，这份突变对白眼雄果蝇来说却是不利的，因为它的生活不健康且寿命短暂。

基因突变普遍存在，尽管概率较小，但在地球上庞大的生物总数下，突变已成为常见的现象。突变的方向无法确定，有些突变会使眼睛由红色变为白色，有些则会使腿的数量从两条变为三条。

然而，为什么我们所见的人都是两只胳膊两条腿，却从未见过四只翅膀的鸡或五条腿的狗呢？在生命起源的时候，动物和植物就已经存在了吗？在古代，鸡是否已经会下蛋，猫是否已经知道抓老鼠？如果是的话，那么最初的动物和植物是如何出现的呢？如果不是，那它们最初是什么样子，又是如何演变成现在我们所见的样子的呢？

更为重要的是，我们又是从何而来？

7.1 伊始

在近现代科学未兴起之前，人们普遍认为生命由神创造。无论是哪个国家、地区或民族的神话，都强调神创造人类并主宰万物。这样的观念对于注重证据、实验和事实的科学家来说是不可接受的。

7.1.1 拉马克

尽管第一个质疑神创万物的生物学家已经无法考证，但有位著名的生物学家对这一观念进行了挑战，他就是拉马克。作为林奈和卢梭的学生，拉马克对植物学研究有很大贡献，花了 26 年时间编写了《法国全境植物志》。

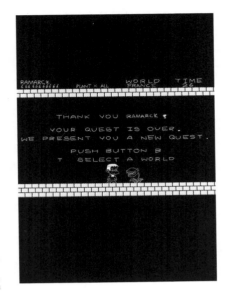

后来，他开始研究动物学。通过对动物分类学的深入研究，他成了第一个发现并命名无脊椎动物的人，也是第一个将动物分为脊椎动物和无脊椎动物两大类的人。

7.1.2 用进废退与获得性遗传

受哲学家卢梭的影响，拉马克开始思考造成动物之间生理特征相似的原因和生活习惯不同的原因，并提出了一些具有重大意义的猜想。他认为地球上的动物有着共同的祖先，由于生活环境的不同，器官的使用频率也不同，导致器官的强化或退化。这种用进废退和获得性遗传的观念被称为"进化"。拉马克的这些观点被收录在他 1809 年出版的《动物学哲学》一书中，标志着"进化"概念的诞生。

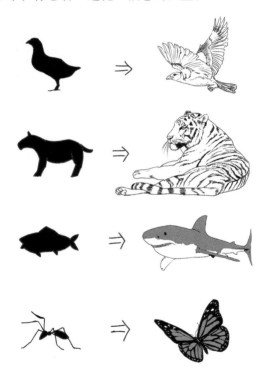

拉马克并没有直接质疑神创论，而是通过研究生物进化的证据来间接反驳它。他认为，生物祖先的不同变化可以通过遗传传递给后代，就

像长颈鹿的脖子逐渐变长一样。

　　他是第一个系统提出"进化"概念的人，为许多学者打开了一扇门，让他们能够通过研究生物进化的证据来质疑神创论。其中最著名的学者是达尔文。

7.2 《物种起源》

查尔斯·罗伯特·达尔文于 1809 年出生在英国一个小城市。尽管他的爷爷和爸爸都是医生，希望他能继承家业，但达尔文对医学不感兴趣。相反，他喜欢去野外采集动植物标本，研究自然历史。

达尔文的父亲知道达尔文不认真学习而浪费时间时，非常生气。于是，决定将他送往剑桥大学学习神学。达尔文对神学也没有兴趣，而是找到了一位著名植物学家和地质学家作为自己的导师，开始了自然科学的学习研究。

7.2.1 扬帆，启航

1831 年，英国海军派出了一艘名为贝格尔号（也称小猎犬号）的军舰进行环球科学考察任务。达尔文的植物导师推荐他以博物学家的身份加入考察队伍。随着贝格尔号的启航，达尔文开启了他辉煌的一生。

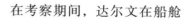

在考察期间，达尔文在船舱里种植草本植物。由于舷窗较小且圆，阳光只能透过缝隙照进船舱。达尔文注意到，他所种的草的幼苗会向窗户的方向弯曲生长。这个奇怪的现象引起了他的好奇心，并在多年后与儿子一起进行了实验探究。他们发现植物具有向光生长的趋势。

在军舰上的观察只是一个小小的插曲，对于达尔文来说并不重要。后来，贝格尔号从英国出发，经过北大西洋、南太平洋，最后抵达了厄瓜多尔加拉帕戈斯群岛。

达尔文选择在这个孤立的岛屿上进行研究，因为这里的生物形态能够保持自然的进化与发展，使得他能够深入的进行观察和收集更多的标本。他在岛上记录了大量的地理现象、化石和生物个体，并系统地收集了许多标本，其中一些甚至是人类尚未发现的新物种。他通过信件将自己的研究成果定期发送回剑桥大学。不久之后，尽管达尔文身在南美洲，达尔文的名声却在英国日渐响亮，他成了一名备受赞誉的博物学家。

7.2.2 地雀引发的思考

在加拉帕戈斯群岛上，达尔文发现了一种地雀，后来被称为"达尔文地雀"。岛上有十余种地雀，它们除了身形大小有显著差异外，羽毛颜色、叫声等基本相同。然而，这些地雀的喙部形状却存在明显的差异。

吃植物嫩芽和水果的喙长得像鹦鹉，又粗又大；吃虫子的喙长得像鸡，又窄又小；吃仙人掌、种子或树干内虫子的地雀，喙部形状各不相同。这一观察结果让达尔文开始思考物种演化的问题。

达尔文认为，这些雀的喙部形状可以与其生活习性相对应起来。如果用神创论来解释，即神创造了地雀并决定了它们的喙部形状，那么为什么神会赋予这些地雀不同的嘴巴以适应不同的食物呢？这似乎有些牵强。因此，达尔文开始质疑神创论的观点。

同时，达尔文了解到拉马克的用进废退和获得性遗传观点，认为地雀喙部差异的形成可以通过自然选择来解释。与拉马克不同的是，达尔文不认同这种性状变化是获得性遗传的结果，而是自然选择的结果。他认为自然界的优胜劣汰留下了现代物种的多样性，而不是垂直积累。

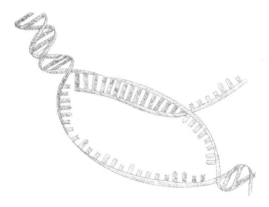

回到英国后，达尔文准备将他的环球经历、各种化石和标本以及前人的理论结合起来写成一本名为《物种起源》的书。他希望通过这本书向世人阐明这个世界上的万物并非由神创造，而是经过自然的筛选和演

化才变成今天的样子。但因为当时环境的原因，这本书的出版让他有很大压力。

7.2.3 华莱士的出现

阿尔弗雷德·拉塞尔·华莱士是一位天才少年。达尔文进行了五年的环球考察，而华莱士则花了十一年的时间。华莱士也认同生命进化是自然选择的结果，并将自己的初步观点通过论文发表。这篇论文被达尔文的老师看到后，赶紧将论文拿给达尔文看，并催促他尽快出版《物种起源》，以免这位天才少年抢先发表了与达尔文相同的观点。

起初，达尔文对华莱士的观点并不重视，因为他只是表达了一些初级观点。1858 年 6 月，华莱士给达尔文写了一封信，系统地阐述了自己对物种起源的观点。这封信让达尔文大吃一惊，因为两人对进化论的认知完全一致。甚至，达尔文一度想放弃出版《物种起源》，以免被视为抄袭他人的成果。

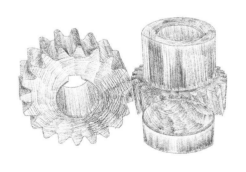

然而，他的老师不希望达尔文被埋没。所以，他的老师劝说达尔文和华莱士一起发表关于进化论的论文，后人称他们的学说为"达尔文 - 华莱士学说"。虽然两人观点相同，但华莱士认为达尔文更适合写书来向世人宣布这一理论。他自愿成为幕后人，只希望看到自然选择学说的问世。

在华莱士的鼓励下，达尔文克服了内心的困扰，最终在 1859 年 11 月发布了震惊世界的《物种起源》。这本书被认为是人类历史上的里程碑。恩格斯将细胞学说、能量守恒定律以及进化论称为"19 世纪自然科学的三大发现"。

7.3　争端

在《物种起源》中，达尔文结合一系列自己的发现做出了推论。事实表明，任何生物都有过度繁殖的倾向，但由于资源有限，个体数量仅能够在生存资源的限制下保持稳定。达尔文推测：个体间的生存斗争和优胜劣汰是关键。身体强壮、适应能力强的个体更容易存活下来，那些什么都吃的个体比挑食的不容易被饿死。

此外，在贝格尔号进行的环球考察中，达尔文发现地雀的差异证明了生物个体间存在着普遍的变异性，这种变异可以通过遗传传递给下一代。变异是不确定的，具有有利变异的个体更容易存活下来，并将其有利的变异遗传给后代。随着自然环境的

变化，每一代存活下来的个体都会逐渐积累有利的变异，并最终形成新的物种。

7.3.1　压力如期而至

《物种起源》的出版引起了科学界的轩然大波。正如他所预料的那样，来自各方的压力如期而至。

进化论的影响是巨大的。当时从事科学研究的科学家们分成了两派：一派是以教会为代表的传统科学家；另一派则是拥护达尔文的新一代科学家。双方争论不休、互相质疑，矛盾不断升级直到无法调解。最终，在 1860 年 6 月 27 日英国科学促进会于牛津大学举办了一场辩论大会，参会人数高达 700 人，包括学生、科学家、学者和教会代表等。这场辩论被后人称为"牛津大辩论"。

7.3.2　牛津大辩论

这场辩论中，科学派由赫胥黎代表，他是一位狂热的达尔文追随者，但他本人并不参与争论。相反，他让他的信徒来代表自己。而神学派则由塞缪尔·威尔伯福斯代表，他是一位博学多才的学者，也是一位出色的演说家。

辩论开始后，威尔伯福斯以华丽的辞藻和流畅的逻辑指出进化根本不存在。他认为地雀嘴的差异再大也不可能变成人类，质疑赫胥黎的观点。然而，赫胥黎冷静地站了起来，用犀利的语言反击了威尔伯福斯的观点。他指出，承认自己的祖先是猿猴并不会让人觉得羞耻，但是利用自己的身份去试图不懂装懂的人十分可耻。这句话产生了巨大的效果，观众更倾向于赫胥黎的观点。

随着辩论的进行，赫胥黎却逐渐处于劣势。威尔伯福斯的演讲技巧和逻辑推理使他成为赢家。他发表了一篇论文，详细阐述了达尔文进化论的十个漏洞。

最终，牛津的这场辩论以神学的胜利而告终。然而，为什么后世却普遍认为以赫胥黎为代表的科学派取得了胜利呢？这是因为 19 世纪的英国教会控制着学术领域和人才培养。科学家们渴望独立自主，不再受到教会的限制。赫胥黎以其勇敢质疑权威、求知精神和坚定反击的精神，成为新时代科学的英雄。

总的来说，牛津大论战是一场重要的历史事件，标志着科学战胜了神学，并为现代科学的发展奠定了基础。

7.4 落幕

牛津大论战之后，科学家们终于摆脱了教会的束缚。他们重新将注意力放在生命起源和生物进化的研究上。通过研究进化的原理和规律，人类可以更好地影响生物的进化，能够提高农作物产量、改善食物质量甚至提升人类的智力水平。

实际上，在达尔文出版《物种起源》时，拉马克已去世 20 年。他们两人一辈子都没有交集，更没有相互对立。真正引起争议的是两派理论的追随者们。那么，对于进化的解释，拉马克和达尔文有什么不同呢？

例如，关于长颈鹿是如何进化的问题。在生存环境发生变化时，拉马克认为生物会依靠本能适应变化的环境。树叶变高了，长颈鹿就努力伸直脖子吃树叶；天气变冷了，长颈鹿就想办法长出更多的毛皮以保暖。

不同的个体有不同的应对方法。

　　而达尔文的观点是，长颈鹿家族从出生起就有所不同。对比可以看出，两者的观点都反映了环境对生物进化的影响。只不过拉马克的理论更强调进化是生物为了适应环境变化的主观行为，而达尔文的理论更强调进化是环境对生物进行筛选的客观行为。

　　两派学者都能找到证明自己一方观点的证据和对方观点的漏洞，但是拉马克一方无法证明"用进废退"可以遗传给下一代，而达尔文一方也无法证明变异可以遗传给下一代。

7.5 关于进化——性别的诞生

基因是具有遗传效应的 DNA 片段（绝大多数生物），存在于染色体上，这使得生物的所有性状都由基因和染色体控制。通过细胞分裂，染色体和基因像一台精密的仪器一样，一丝不苟地将生物的性状一代一代地遗传下去。但即使是再精密的仪器也有失误的时候，环境的干扰、某些化学物质的影响都可能导致染色体或基因在遗传时发生错误，使得其控制的性状同时发生改变。这种改变被称为"基因突变"和"染色体变异"。

基因突变是小概率事件，通常在几万甚至几十万个个体中才会出现一个变异个体。也就是说，要想通过自然变异获得超能力，需要经过许多代才有可能实现。

尽管基因突变的概率小且稳定性高，但在几亿年的生物进化过程中，变异仍然是面对环境剧变时生存下来的最佳方式。例如，在气温骤降的环境中，拥有毛皮保暖这一特征的生物更容易存活；在干旱时期，皮肤保水能力强的生物更容易存活；在紫外线强烈的环境中，肤色较浅的生物更容易存活。

然而，我们无法预知未来的环境变化何时到来，以及会变成何种形式。因此，为了确保物种的延续，我们需要尽可能多地产生不同基因型的变异

个体。对于结构相对简单、繁殖速度较快的生物（如单细胞生物），只要基数足够大，总会产生一些有利的变异个体。

但对于结构更复杂、繁殖周期长的生物来说，仅依靠自身的基因突变让后代产生不同的新性状是非常困难的。为了解决这个问题，性别出现了。

性别的不同带来了有性生殖，有性生殖使孩子能够获得父母双方的基因。假设地球的温度急剧下降，紫外线强度将增加，那么要存活下来，就必须具备既有皮毛又肤色浅的特征。如果只依靠无性生殖，那么就需要上一代的一个个体同时出现长出皮毛和肤色浅这两个突变。这种情况发生的概率太小了，几乎无法实现。

但是有性生殖的情况就不同了。只需要父母双方一方具备长出皮毛突变，另一方具备肤色浅突变，孩子就有很大概率获得这两种特征。从单个个体同时出现两个突变到两个个体各自出现一个突变，这概率直接增加了几万倍。虽然仍然很小，但终究有可能实现。

性别主要由染色体决定。不同生物拥有不同的染色体数目，从而产生不同的组合方式。每当一个有性生殖的生物能产生一种不同基因型的交配因子（即配子）时，就被视为额外拥有一种性别。例如，一种叫流苏鹬的鸟就具有四种性别，某些真菌具有 12 种性别，而被誉为活化石的鸭嘴兽理论上可以拥有 25 种性别。

此外，性别也不是从出生起就一成不变的。例如鳄鱼的性别是由孵化环境的温度决定的：温度较高的环境下孵化出来的是雄性，温度较低的环境下孵化出来的是雌性。小丑鱼出生时没有性别，但在长大后会全部变为雄性，而在繁殖季节的时候，其中一部分雄性会变为雌性。

综上所述，无论存在几种性别、是否雌雄同体、是否会发生性别转变，都不影响在繁殖时总是两个个体进行交配。

那么为什么总是两个个体参与交配而不是三个、四个或更多呢？因为两个个体参与交配相比三个或四个个体来说，不需要再进行寻找配对，这样更加高效，并节省时间和能量，而节省下来的能量能够更好地保障生物的生存，同时避免不必要的危险。

7.6 关于进化——人为什么不长毛

人类作为哺乳动物的一种，在外貌上具有一些独特之处。陆生哺乳动物大多都拥有漂亮的皮毛，既能保暖又能形成保护色隐蔽自己。然而，与人类最为相似的灵长类动物黑猩猩也拥有浓密的毛发。相比之下，人类除了头顶之外，身上几乎没有什么毛发，只有稀疏的汗毛。

对于为什么人类失去了毛发的问题，研究者们提出了一些有趣的假说。一种观点是"寄生虫假说"，认为茂盛的毛发容易滋生体外寄生虫，而群居性会使人类成为疾病传播的温床。另一种假说是"水猿假说"，认为古猿由于海平面上升被迫进入海洋中生活，为了适应水中生活而褪去了大部分毛发。

还有一种较为靠谱的假说是"散热假说"，认为大型哺乳动物如大象、犀牛和河马身上的毛发较少，是因为它们的体积大，相对表面积小，散热的需求迫切。为了加快散热，这些大型哺乳动物在长大的过程中褪去了毛发。而在人类身上，超强的耐力使我们能够进行马拉松式狩猎，需要有效地降低体温以适应长时间的追逐。因此，人类的皮肤逐渐褪去全身长毛，并演化出发达的汗腺。

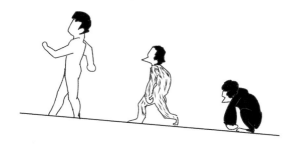

那么，如果失去了毛发，天气一旦变冷，该如何保暖呢？这里有一个巧妙之处。人类身上进化出了一层厚厚的皮下脂肪组织，这层脂肪在寒冷时能保持身体温暖，在炎热时又不会妨碍汗水的蒸发带走热量。

综上所述，人类失去毛发的原因可能是多方面的综合结果。无论是出于对寄生虫的防范还是为了更好地适应环境的需求，人类的毛发逐渐退化为我们独特的身体特征之一。

第8章

植 物 的 研 究

　　提到生物学，你可能会联想到鹰在天空中翱翔、鱼在水中游动、虎在山林中咆哮的画面，或者是细胞分裂、心脏跳动、神经网络等。对于生物学的印象，大多数人会将其与动物学、生理学和医学相关的内容联系在一起。然而，我们每天所食用的米面蔬菜、每天都能见到的花草树木等植物，却很难与生物学建立联系。实际上，人类对植物的研究历史同样悠久，并且有许多杰出的植物学家为这一领域做出了重大的贡献。

8.1　植物分类学的启蒙与发展

　　大部分植物相对于动物，具有静止、不伤人等优点，观察和培育都很方便。

8.1.1　植物学之父：泰奥弗拉斯托斯

　　古希腊的泰奥弗拉斯托斯是第一个系统研究植物的人，他跟随柏拉图和亚里士多德学习，对植物情有独钟。但由于交通不便，他的研究受限。幸而，他的同门兄弟亚历山大大帝统一了希腊并扩张版图，泰奥弗拉斯托斯通过远征士兵看到了其他地方的特有植物，进一步完善了研究。

　　泰奥弗拉斯托斯著有《植物研究》和《植物成因》两部著作，书里详细地讲解了植物的分类。他根据结果和开花情况将植物分为有果实和无果实植物，以及显花和隐花植物。

　　此外，他还根据落叶情况将植物分为常绿和落叶植物。这些分类方法看似简单，但实际上需要详细了解每种植物的外部形态、颜色、果实或种子等特点才能进行准确分类。泰奥弗拉斯托斯对这些信息了解透彻，除分类外，书里还详细介绍了每种植物的其他特征，如形态、花期、药用价值等。

这两部著作相当于一套植物百科全书，与我国古代的《神农本草经》《本草纲目》《茶经》等著作有相似之处。泰奥弗拉斯托斯的研究方法和发现对后世植物学的研究产生了重要影响，后人称他为"植物学之父"。

8.1.2　植物分类学：林奈

卡尔·冯·林奈出生在瑞典的一个乡村，他的父亲是一位乡村教师，热衷于养花种草。林奈从小就对植物很感兴趣，经常向父亲询问各种花卉树木的名称。每当他心情不好时，只需递给他一朵花，他就会立刻开心起来。

他的父亲从小就教他学习拉丁语，并将他送进文法学校学习。然而，林奈对学习语言没有兴趣，只对植物着迷，常常逃课去乡下采集各种植物。显然，这样的学生让老师十分头疼。幸运的是，校长也是一位植物爱好者，看到林奈对植物的热爱，便指导林奈学习植物知识，还让林奈管理自己的花园。

17岁时，林奈便熟知当时有的植物学文献。上大学后，他一边翻阅图书馆里的植物学书籍，一边前往植物园采集标本。毕业后，他先去瑞典北部的荒野采集标本，又走遍欧洲各国，始终忙于采集标本。

后来他受到一位法国植物学家的启发，首次提出根据植物生殖器官的不同进行分类。植物有六大器官：根、茎、叶、花、果实、种子，其中花、果实和种子为生殖器官。

林奈最著名的贡献是确立了植物命名法则。在林奈之前，虽然有许多优秀的植物分类学者，但他们在记录自己发现的植物名称时，通常采用的是自己国家或当地居民的叫法。虽然这样很方便记录，但也容易造成误解，因为同一种植物可能会因为命名不同而被误认为是不同的物种。

以我国为例，对于番薯这种植物，有些地方称之为红薯，有些地方称之为地瓜。而对于豆薯这种植物，有些地方称之为凉薯，有些地方称之为地瓜。所以在书上看到地瓜这个名字时，如果没有了解作者所在地区的话，就无法确定是指豆薯还是番薯。

林奈觉得既然没有普及的命名规则，那就由他建立一个新的规则。首先，他从大范围到小范围提出了纲、目、属、种的分类概念。这四种类别的范围差异相当于我国行政等级中省、市、区、县的差异，越来越小，越来越具体。接着，林奈采用了几百年前一对兄弟提出的"双名命名法"，并将其作为新的命名方法。

双名命名法规定，生物学名的格式必须是属名＋种名＋发现者名字的缩写（发现者名字可以省略）。也就是说，当要给新发现的植物命名时，首先要看这个植物符合哪个属的描述来确定属名，然后再根据其特有的特征为其写上种名。

林奈又规定，只能使用拉丁语命名。因为拉丁语起源于古罗马，古罗马已经灭亡了，这使得没有人会使用拉丁语进行日常交流，也意味着拉丁语不会随着时代的改变而变化，也不会产生歧义。

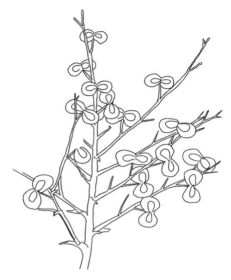

在我国战国时期，七雄并存，每个国家都有自己的语言、文字、钱币和度量衡。而秦始皇嬴政统一天下之后，统一了语言、文字、钱币和度量衡。这一举措使原来六国的百姓得以无障碍地互相交流，直接进行买卖交易。

同样地，林奈对命名规则的制定与推广也统一了学术语言，规范了命名习惯，让不同国家和地区的植物学家们可以无障碍地交流彼此的成果。这不仅是对 18 世纪植物学研究的贡献，更是对所有生物分类学的巨大贡献。因此，他被后人称为"植物分类学的奠基人"。

8.2 花草树木，抚育万物

大熊猫幼崽出生时很小，长大后体重却能达到一百多公斤。鳄鱼刚孵化时一只手就能托住，但成年后身长可达 7 米，重达一吨。

真实比例……

对于动物和人类的成长来说，食物是必需品。无论是肉食者、素食者还是杂食者，我们都可以找到与它们的食物需求相对应的营养来源。然而，小小的种子却能够成长为参天大树，它们的营养来源是什么呢？

8.2.1　柳树实验

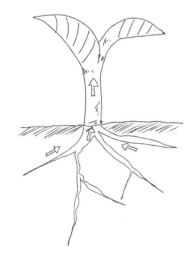

古希腊时期，亚里士多德推测植物的营养来源是土壤，因为植物能够从土壤中吸收营养，并将其"吃"进自己的体内。然而，我们从未见过植物进食，也未见过大部分植物捕食，甚至连食草动物的营养也是由植物提供的。那么，植物生长的营养来源究竟是什么呢？

亚里士多德的观点在当时是合理的，因为肥沃的土地能够让植物茂盛生长，而贫瘠的土地则无法孕育出任何东西。然而，在 1640 年，科学家范·海尔蒙特进行的一项实验彻底推翻了这一观点。

　　范·海尔蒙特准备了一些土壤样品，将其烘干并排除水分因素干扰后称得的土壤重量为 200 磅。然后，他选取了一棵柳树苗，称得其重量为 5 磅。接下来，他将 200 磅土壤装入一个大花盆中，栽种了这棵 5 磅的柳树苗。为了排除其他因素对实验结果的干扰，范·海尔蒙特用一个罩子将花盆罩住，只留下用于浇水的小孔，以避免空气中的灰尘和杂物进入。同时，范·海尔蒙特会定期给柳树苗浇水。

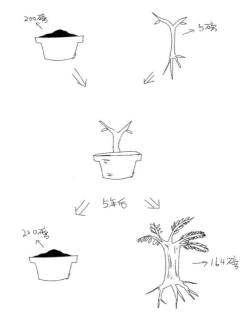

　　五年后，他将长大的柳树刨出来，再次对花盆里的土壤和柳树进行了称重。结果显示，五年后的土壤仍然接近 200 磅，仅减少了很少一部分重量。而柳树的重量增加了 164 磅。显然，柳树增加的 164 磅并非来自土壤中的少量减少部分。因此，亚里士多德的理论是错误的。那么增加的部分是从哪里来的呢？在五年的实验期间，除了水之外，柳树没有接触到其他任何物质，因此，范·海尔蒙特得出结论，水是植物的主要营养来源。

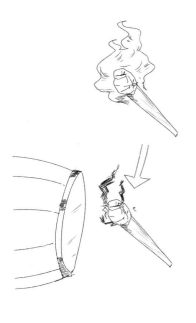

8.2.2　净化空气

18 世纪，英国化学家普利斯特里对空气进行了研究。在他童年时，他经常去啤酒厂玩耍。他注意到在啤酒厂内，当燃烧的木头靠近发酵啤酒的大桶时会立刻熄灭。因此，他推测看不见的空气不是单一成分，而是由多种成分组成的。

为了验证自己的猜想，普利斯特里进行了几个有趣的实验。首先，他将一根点燃的蜡烛和一只活着的小鼠一起放入透明玻璃罩中。没过多久，蜡烛未燃尽就熄灭了，小鼠也死了。

这个结果很奇怪，因为在通风良好的环境下，蜡烛会一直燃烧，小鼠也能活着。普利斯特里猜测，被罩住的空气中含有一种特

殊成分，当蜡烛燃烧时，这种成分会转化为有毒物质，从而熄灭蜡烛并杀死小鼠。

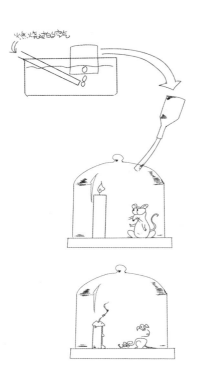

接着，普利斯特里尝试通过净化被污染的空气来拯救小鼠。他将燃烧后的空气接入水中，使用排水法获得了"被水净化过的空气"。然后他将这种净化过的空气通入密封玻璃罩中。然而，结果并没有改变，小鼠仍然死亡。

于是，普利斯特里得出结论：水不能净化空气。于是，他将实验目标变为探究受污染的空气对生物的影响。

为了研究植物对空气的影响，普利斯特里进行了第三个实验。他将一盆花和一支燃烧的蜡烛一同放入封闭的玻璃罩中，并将其放在阳台上。这次，蜡烛持续燃烧了很久，那盆花还开出了新的花朵。

普利斯特里进一步进行了实验以确认这个现象。他将一只健康的小鼠和一盆花一起放入密封玻璃罩中。这次，小鼠存活了很长时间，并且非常活跃。为了让测试结果更加准确，普利

斯特里将花取出，并单独放入密封玻璃罩中一只小鼠，尽管这只小鼠死了，但值得注意的是，它的存活时间比之前和蜡烛放在一起的那只小鼠存活时间要长一些。基于这些结果，普利斯特里得出了结论：植物可以净化空气，新产生的空气可以使火焰继续燃烧，同时也能使小鼠存活。

普利斯特里的实验很快在学术界引起了轰动。科学家们纷纷复制他的实验，以验证这一新发现。然而，他们发现，在确保蜡烛和小鼠质量良好的情况下，与植物一起置于玻璃罩中时，有时小鼠会死亡，有时蜡烛会熄灭。这是什么原因呢？是否存在一个不断变化的其他因素干扰了实验结果？

荷兰生物学家英格豪斯在 1799 年重复了普利斯特里的实验 500 次，试图找出这个被忽略的因素。他发现，只有在阳光照射下，植物才能净化空气。

8.2.3　氧气与二氧化碳

1778 年，著名化学家拉瓦锡正式命名了氧气，并证实在普利斯特里的实验中，蜡烛的熄灭并非由于产生了有毒物质，而是因为耗尽了维持燃烧的物质——氧气。普利斯特里早已发现了氧气的存在，但由于守旧观念，他并未承

认氧气和氧化反应的存在，导致与这一重大发现擦肩而过。同时，拉瓦锡还发现了二氧化碳。

接着，瑞士著名博物学家塞尼比通过化学分析法证明，植物在阳光照射下能够同时吸收二氧化碳并释放氧气，这一生物学现象被称为"光合作用"。他还发现，光合反应主要发生在植物叶片的绿色部分。我们常见的植物无论是花草还是树木，无论是叶还是茎，基本上都覆盖着大片的绿色。既然绿色部分能够进行光合作用，那么植物是否在不断扩大光合作用的范围呢？根据光合反应所需的原料是二氧化碳，可以推断出植物的绿叶越多，吸收的二氧化碳也就越多，也就是植物在尽可能多地吸收二氧化碳。

范·海尔蒙特做的柳树实验表明，除了水以外，柳树还会吸收大量二氧化碳。那么有没有可能，柳树或其他绿色植物的营养来源正是空气中的二氧化碳呢？塞尼比最终推测：植物以二氧化碳为营养源。

8.3 光合作用的原理

1545 年，德国化学家梅耶根据能量守恒定律，提出植物在进行光合作用时，将光能转化为化学能。

随着化学的蓬勃发展，科学家们确定植物内的营养物质主要成分是淀粉。那么，通过光合作用产生的化学能是否储存在淀粉中呢？光合作用的基本原理又是什么呢？

8.3.1　萨克斯的遮光实验

1864 年，德国植物学家萨克斯为了探究淀粉是否为光合作用的产物，设计了一个精巧的实验。首先，萨克斯找来一盆绿色植物，在黑暗环境下放了 48 小时。

48 小时后，萨克斯在这盆植物的一枚叶片上贴上了半边黑纸，然后将其放在阳光下。这样，被贴上了半边黑纸的叶片无法接受光照，不能进行光合作用。而没有贴纸的那一半叶片可以正常进行光合作用。一段时间后，他将这枚叶片取下来，用酒精脱色处理，将叶片上的绿色全部洗掉，排除叶片颜色对实验的干扰。

接着，萨克斯将褪了色的叶片使用碘蒸气处理。由于碘单质在遇到淀粉时会发生化学反应变成蓝色，所以用碘蒸气处理叶片能够直观地通过叶片是否变为蓝色来判断叶片中是否含有淀粉。

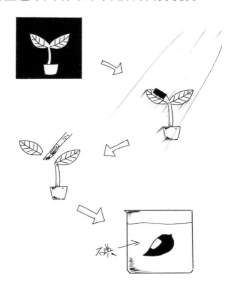

结果，用黑纸遮住的地方没有颜色变化，而接收阳光的部分叶片变成了蓝色。这就证明了，变蓝的部分不是叶片自带的淀粉，而是新产生的淀粉。淀粉正是光合作用的产物之一。

8.3.2 恩格尔曼的水绵实验

自显微镜问世以来，对植物细胞的微观研究已经发现了植物细胞内即植物体内存在叶绿体。叶绿体的存在是大多数植物呈现绿色的主要原因。那么，植物的光合作用是否是在叶绿体内进行呢？

1880 年，德国植物学家恩格尔曼设计了经典的水绵实验。为什么叫水绵实验呢？因为这个实验的实验对象是一种水生藻类植物——水绵。水绵的结构有一个很有意思的特点，它的叶绿体是一个挨一个，像一串长长的珠子一样的带状结构，这条叶绿体组成的"带子"占据了水绵细胞的大部分空间，观察起来特别方便。再加上水绵非常常见，在池塘、沟渠、河流、湖面上都能找到，因此水绵成了研究光合作用场所的优秀实验对象。

恩格尔曼将水绵与一种好氧细菌放在一起，置于黑暗环境，然后用非常细的单束光照在水绵带状叶绿体的一个点上。过了一会儿，恩格尔曼发现，在照射的地方出现了一些微小的气泡，好氧细菌也围了过来，聚集在照射点附近。这说明被照射的叶绿体通过光合作用产生了氧气，把好氧细菌吸引了过来。因此可以证明，叶绿体是光合作用的主要场所。

光合作用的场所找到了，效果也清楚了，只剩下反应原理。在叶绿体内究竟发生了什么样的反应才让吸收进来的二氧化碳变成了氧气和有机物呢？

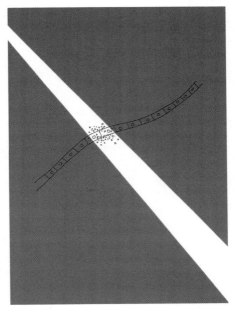

　　同位素的发现和使用给化学反应过程的探究提供了巨大的帮助。原子由原子核和电子组成；原子核由质子和中子组成。当同一元素的两个原子的质子数相同，而中子数不同的时候，这两个原子代表的元素互为同位素。同位素之间化学性质往往相同，可以参与相同的反应，得到相同的产物。因此，如果将某种元素用它的同位素代替掉，可以通过产物中同位素的位置来确定该元素到底生成了什么，这便是"同位素标记法"。

　　1941 年，美国科学家鲁宾和卡门使用了同位素标记法对光合作用产物进行了探究。他们选用小球藻作为实验材料，然后用氧元素的一种

同位素 ^{18}O 分别标记了给小球藻提供的二氧化碳和水，得到了 $C^{18}O_2$ 和 $H_2^{18}O$。

鲁宾和卡门将小球藻分为两组，向第一组提供了标记过的二氧化碳 $C^{18}O_2$ 和普通的水 H_2O；向第二组提供了标记过的水 $H_2^{18}O$ 和普通的二氧化碳 CO_2。在其他条件都相同的情况下同时进行光合作用，然后分别收集两组产生的氧气，进行鉴定。

结果，第一组产生的全部都是正常的氧气 O_2，而第二组产生的是标记过的氧气 $^{18}O_2$。第一组的水是正常的，产生的也是正常的氧气；第二组的水是被标记的，产生的氧气也是被标记的。这就证明了，光合作用中产生的氧气是来自水，而不是来自二氧化碳。

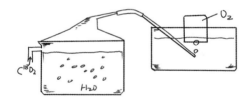

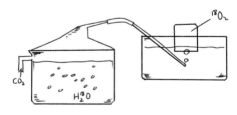

那么，二氧化碳去哪里了呢？

20 世纪 40 年代，美国著名生化学家卡尔文同样做了同位素标记实验。只不过他标记的是碳元素。卡尔文使用碳的同位素 ^{14}C 标记了二氧化碳，一路追踪碳元素的位置。最终发现了碳元素从二氧化碳到有机物的全部变化过程。人们将这一过程称为"卡尔文循环"。至此，持续了几个世纪的关于植物营养来源的问题，由亚里士多德开始，直到卡尔文循环的出现，终于画上了完美的句号。

8.4　植物激素的发现

前面我们提到，达尔文在跟着"贝格尔号"军舰进行环球考察时，在船舱里种了一盆草来调节航海生活的枯燥。达尔文发现，他种的草的幼苗总是朝着有光的方向生长，这引起了他的兴趣。然而，由于此次航行的目的是考察世界各地的物种特点，达尔文并没有深入研究草的事情。直到晚年，他才和自己的儿子一起深入探究这一年轻时的奇妙发现。

8.4.1　达尔文的发现

达尔文父子选择了当年在军舰上养的植物——金丝雀虉草（也称为金丝草）进行研究。金丝草属于禾本科植物，其特点是在幼芽顶端有一个胚芽鞘，形状像小帽子。当幼芽破土而出时，胚芽鞘会先顶开泥土穿出地面，保护内部的幼芽安全生长。

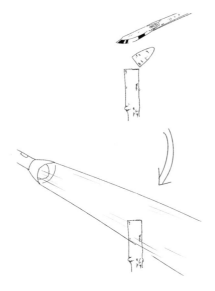

为了探究胚芽鞘向光弯曲生长的原因，达尔文父子使用单侧光照射胚芽鞘，并发现胚芽鞘会向着光源弯曲生长。然而，植物并不具备与动物相同的主观意识，因此胚芽鞘弯曲的原因很可能是某种物质的作用，使得背光面和向光面的生长速度产生差异。背光面的细胞生长较快，导致逐渐向向光面弯曲，最终出现胚芽鞘弯曲的现象。

为了确定这种物质的位置，达尔文父子进行了几组实验。第一组，他们在切掉胚芽鞘尖端后，再次用单侧光照射，结果发现胚芽鞘既不弯曲也不生长。

第二组，他们在不切掉胚芽鞘尖端的情况下，用锡箔纸遮住尖端再用单侧光照射，结果胚芽鞘不再弯曲，而是直立生长。

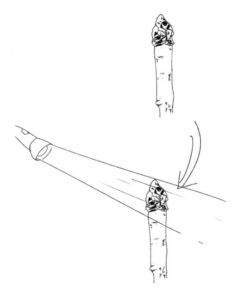

第三组，他们既不切尖端也不遮尖端，而是使用非常细的点光源从单侧照射胚芽鞘尖端，结果胚芽鞘仍然向光源弯曲生长。

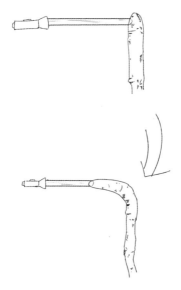

通过这些实验，达尔文父子得出了两个结论：首先，金丝草的向光弯曲生长与胚芽鞘有关；其次，胚芽鞘的尖端是感光部位。

8.4.2 詹森的实验

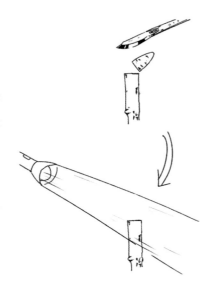

20 世纪的神经调节和激素调节的研究发现，生物体的行为本质上都是神经或体液调节的结果。因此，胚芽鞘地向光弯曲生长也可以解释为一种行为。

在达尔文之后，丹麦植物生理学家詹森在达尔文实验的基础上进行了新的实验探究这个问题。詹森设计了

两组实验。第一组实验与达尔文相同，
切掉胚芽鞘尖端后再用单侧光照射，
结果胚芽鞘既不弯曲也不生长。

　　第二组实验中，詹森将胚芽鞘尖
端切掉后在切口断面上放置了一片琼
脂片，并将切下的尖端盖在琼脂片上，
相当于将琼脂片插入胚芽鞘。然后使
用单侧光照射，结果显示琼脂以下的
胚芽鞘向光源弯曲生长。

　　根据詹森的结论，他认为胚芽鞘
尖端产生的刺激能透过琼脂片继续向
下传递。然而，他没有考虑到琼脂片本身
是否会对胚芽鞘造成弯曲。因此，他的结
论并不严谨。

8.4.3　拜尔的补充

　　1918 年，德国植物学家拜尔在詹森的
基础上进行了进一步实验。他将燕麦的胚
芽鞘尖端切下，并在黑暗环境下分别将切
下的胚芽鞘尖端只接触切口的左边一半和
右边一半。

　　结果发现，在没有光的情况下，胚芽

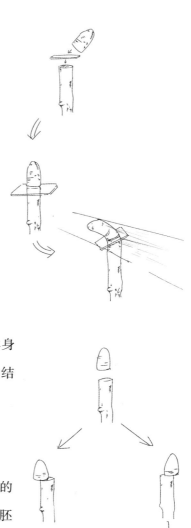

鞘仍然发生了弯曲生长。当切下的尖端接触切口左半边时，胚芽鞘会向右弯曲生长；而接触右半边时，会向左弯曲生长。这说明了在无光情况下，合成胚芽鞘尖端产生的特殊物质并不需要光照射。单侧光的照射可能只影响了该物质在胚芽鞘尖端的分布。然而，由于切下的胚芽鞘尖端始终接触着下半部分，拜尔的实验无法确定弯曲生长是由神经调节还是激素调节所致。

8.4.4　温特的总结

　　1928 年，荷兰科学家温特对詹森和拜尔的实验进行了总结和改进。他将胚芽鞘尖端切下后，先将其放在琼脂块上，一小时后再将胚芽鞘尖端移除，并将琼脂切成小块。然后，他将小的琼脂块代替胚芽鞘尖端，重复了詹森的实验，结果得到了与詹森相同的实验结果。接下来，他又重复了拜尔的实验，用琼脂块分别放在切口的左右侧，结果又得到了与拜尔相同的实验结果。而使用未接触过胚芽鞘的普通琼脂进行同样的实验时，胚芽鞘均不会发生弯曲生长的现象。

　　这表明琼脂并不能刺激胚芽鞘弯曲生长，弯曲生长的本质是激素的作用。琼脂块能起作用，说明胚芽鞘尖端产生

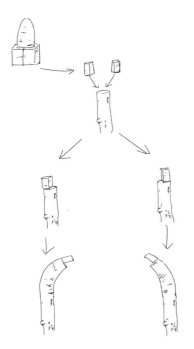

的特殊物质可以透过琼脂块向下运输。而在黑暗环境下将琼脂块放在左侧会使胚芽鞘向右弯曲，放在右侧会使胚芽鞘向左弯曲，这说明了胚芽鞘会向特殊物质含量较少的一侧弯曲。温特将这种由胚芽鞘尖端产生、能够向下运输并影响胚芽鞘生长速度的激素称为"生长素"。

1934 年，荷兰科学家克格成功从人的尿液、酵母等物质中分离出一种化合物。他将这种化合物注入琼脂块后，发现其能够像生长素一样引起胚芽鞘向光弯曲生长。通过化学检验，他最终确定了这种化合物就是生长素——吲哚乙酸。

生长素的发现使得科学家们相继发现了赤霉素、细胞分裂素、脱落酸、乙烯和油菜素内酯等植物激素。这些植物激素从植物的种子时期开始就起着控制作用，包括细胞分裂、发芽、生长、开花、结果、落叶、休眠以及促进果实成熟掉落等过程。当果实中的种子进入土壤后，又有新一轮的生长受到激素的控制。植物激素的发现和使用对种植业和粮食产业起到了重要的推动作用。

花草树木孕育万物，而谁育植物？那就是植物激素的力量。